Diese Symbole und Icons im Buch geben dir wichtige Hinweise.

Anford

- ●○○ ni
- ●●○ mi
- ●●● ho

W0339626

Icons:

(1) besondere Berücksichtigung von Aspekten der nachhaltigen Entwicklung

Zu allen Inhalten, die mit diesem Icon ▶ gekennzeichnet sind, stehen dir Videos, interaktive Aufgaben und ein Medienpaket mit Filmen und Animationen zur Verfügung. Unter dem folgenden Link bieten wir außerdem die Lösungen zu den Teste-dich-Aufgaben an. Rufe dazu **www.westermann.de/chemie-heute-151469** auf oder nutze den QR-Code. Gib anschließend den Online-Schlüssel ein:

Online-Schlüssel
KKPV-WCPC-42GP

westermann

CHEMIE HEUTE

CHEMIE
HEUTE

Herausgegeben von:
Martin Ratermann (Schülerband);
Dr. Steffen Menze, Dr. Sebastian Musli (Begleitprogramm)

Bearbeitet von:
Annika Bartels, Anne-Marie Bischoff, Sophia Bonk,Robert Coldewei, Margit Eulig,
Sarah Hentschel, Franziska Hund, Martin Ratermann

Dieses Werk ist in Teilen eine Bearbeitung von:
978-3-14-151345-5, 978-3-14-151377-6, 978-3-14-192095-6
Autorinnen und Autoren der genannten Titel:
Prof. Dr. Hans-Dieter Barke, Annika Bartels, Dr. Eva Berndt, Sophia Bonk, Dr. Bernd Dreßel,
Birgit Eilers-Born, Dr. Hermann Hammes-Therré, Sarah Hentschel, Daniel Imhof,
Achim Keßler, Lothar Kraft, Stefanie Langenecker, Dr. Steffen Menze, Dr. Sebastian Musli,
Ralf van Nek, Gabriele Pölking, Ulrike Porombka, Elke Radau-Lambert, Manuela Raida,
Martin Ratermann, Dr. Mark Schlensog, Hans Schriefer, Dr. Peter Seym-Born, Franz Stoppel,
Marcel Tiffert

Zum Schülerband erscheinen:
Lösungen, ISBN: 978-3-14-**151470**-4
Klassenarbeiten, 978-3-14-**151486**-5
Gefährdungsbeurteilungen, WEB-14-**151471**

Druck A[1] / Jahr 2024
Alle Drucke der Serie A sind im Unterricht parallel verwendbar.

Redaktion: Dr. Sven Horst unter Mitwirkung von Dr. Mario Puchner
Grafikkonzept: Atelier tigercolor Tom Menzel
Illustrationen: Atelier tigercolor Tom Menzel; Berghahn, Matthias; Biermann-Schickling, Birgitt; Karnath, Brigitte; Kartographie Hermes; Mithoff, Stephanie; Schlierf, Birgit und Olaf
Umschlaggestaltung: Janssen Kahlert Design & Kommunikation GmbH, Hannover
Layout: SOFAROBOTNIK GbR, Augsburg & München
Druck und Bindung: Westermann Druck GmbH, Georg-Westermann-Allee 66, 38104 Braunschweig

ISBN 978-3-14-**151469**-8

Wiederholen und Vertiefen 8

Aufgabenstellungen richtig verstehen

1 **Beschreibe** deine Beobachtung.

Das Wasser beginnt bei 100 °C zu sieden und wird gasförmig. Obwohl weiter erhitzt wird, steigt die Temperatur nicht mehr an. Wenn das Wasser vollständig verdampft ist, bleibt eine geringe Menge eines weißen Feststoffs im Becherglas zurück.

Beschreiben bedeutet: Ein Sachverhalt soll strukturiert mit eigenen Worten unter Verwendung von Fachsprache wiedergegeben werden.

2 Legt man eine mit Wasser gefüllte, verschlossene Flasche über Nacht in die Tiefkühltruhe, platzt die Flasche. **Erkläre.**

Beim Abkühlen des Wassers in der Tiefkühltruhe gefriert das Wasser. Es wird zu Eis. Beim Gefrieren dehnt sich das Wasser aus. Eis nimmt also mehr Raum ein als das flüssige Wasser. Deshalb platzt die Flasche, wenn das Wasser gefriert.

Erklären bedeutet: Es sollen Gründe für einen Sachverhalt geliefert werden. Der Sachverhalt soll verständlich dargelegt werden und auf allgemeine Aussagen und Gesetze zurückgeführt werden.

3 Zitronen schmecken sauer. **Begründe.**

Zitronen enthalten Citronensäure und schmecken deshalb sauer.

Begründen bedeutet: Es sollen fachliche Gründe für einen Sachverhalt geliefert werden. Der Sachverhalt soll auf seine Ursachen zurückgeführt werden.

4 **Nenne** drei Metalle.

Kupfer, Silber, Gold

Nennen bedeutet: Es sollen nur Begriffe oder Wörter aufgezählt werden.

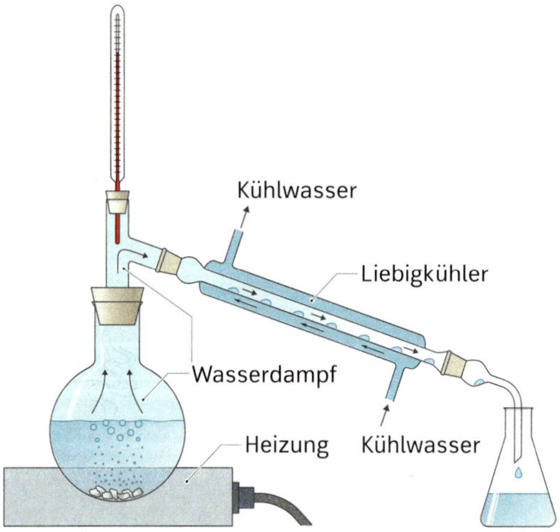

5 **Erläutere** das Gegenstromprinzip am Beispiel des Liebigkühlers.

In einem Liebigkühler strömt der heiße Dampf des zu kondensierenden Stoffs nicht in die gleiche Richtung wie das Kühlwasser, sondern dem Kühlwasser entgegen. Am Ende des Kühlers ist dadurch die kälteste Stelle, an der der restliche Dampf noch kondensieren kann.

Erläutern bedeutet: Ein Sachverhalt soll erklärt und durch zusätzliche Informationen verständlich gemacht werden.

6 **Vergleiche** die Metalle Eisen und Gold hinsichtlich wichtiger Eigenschaften.

Gemeinsamkeiten: Beide Stoffe sind Metalle und leiten Wärme und elektrischen Strom. Sie sind verformbar und glänzen. Unterschiede: Eisen hat eine silbrige Farbe, Gold ist gelblich glänzend. Eisen rostet an feuchter Luft. Gold rostet nicht. Es bleibt über viele Jahre unverändert.

Vergleichen bedeutet: Es sollen Gemeinsamkeiten und Unterschiede bezogen auf einen Sachverhalt herausgestellt werden.

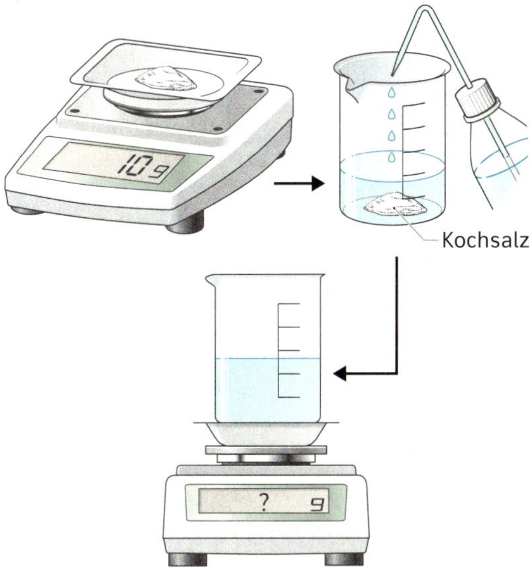

7 **Plant** ein Experiment, mit dem man herausfinden kann, wie viel Gramm Kochsalz sich in 1000 g Wasser lösen.

Man wiegt 10 g Kochsalz ab und gibt es in ein Becherglas. Dann gibt man mit der Spritzflasche langsam soviel Wasser zu, dass sich die Kochsalzmenge gerade vollständig löst. Man wiegt die Lösung und subtrahiert die 10 g Kochsalz. Jetzt weiß man, wie viel Wasser man braucht, um 10 g Kochsalz aufzulösen und kann auf 1000 g Wasser umrechnen.

Planen bedeutet: Es sollen Überlegungen zur Durchführung eines Experiments angestellt und notiert werden.

8 Mit einem Tintenkiller gelöschte Tinte wird wieder sichtbar, wenn man mit Essig darüber pinselt. **Deute** diese Beobachtung.

Die Tinte ist nach dem Löschen nicht verschwunden. Der Tintenkiller macht die Tinte nur farblos. Essig macht das wieder rückgängig und die Tinte erscheint wieder.

Deuten bedeutet: Es sollen Erklärungsmöglichkeiten für Versuchsergebnisse erarbeitet werden.

9 Ein Gummibärchen wird in ein Glas mit Wasser gegeben. **Stelle eine Hypothese auf,** ob das Gummibärchen in Wasser schwimmt oder sinkt.

Ein Gummibärchen sollte in Wasser sinken. Das Volumen beträgt etwa 4,5 cm^3, die Masse etwa 5 g. Damit ist seine Dichte von 1,1 $\frac{g}{cm^3}$ größer als die von Wasser.

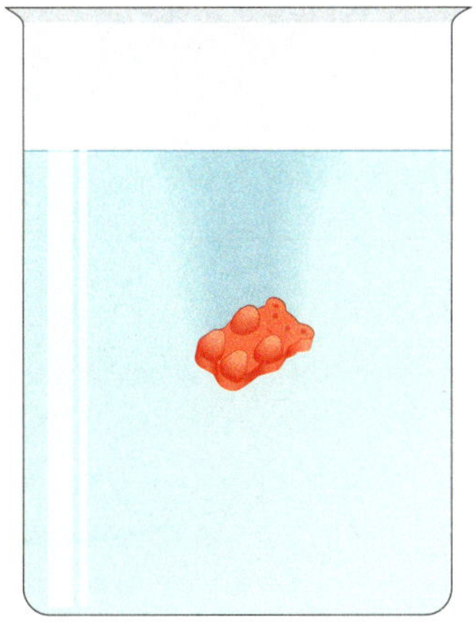

Eine Hypothese aufstellen bedeutet: Es wird eine Vermutung genannt, welche Beobachtungen in einem Experiment erwartet werden. Die Vermutung wird mit vorhandenem Wissen begründet.

Wiederholen und Vertiefen

Dieses Kapitel hat folgenden Inhalt:

Lösungen sind Stoffgemische.

Sicherheit beim Arbeiten im Chemieunterricht

Sicherheitseinrichtungen im Fachraum

Im Fachraum findet man Einrichtungen, die der Sicherheit beim Arbeiten dienen. So sollen Unfälle verhindert oder die Folgen von Unfällen begrenzt werden. Die Sicherheitseinrichtungen und ihren Nutzen muss man kennen, um im Falle eines Unfalles ruhig und sicher handeln zu können.

NOT-AUS-Schalter:
Im Chemieunterricht werden Experimente durchgeführt, bei denen man Strom und Gas benötigt. Kommt es zu einem Unfall, müssen sofort alle Geräte abgeschaltet werden. Die Strom- und Gasversorgung wird mit dem NOT-AUS-Schalter unterbrochen.

NOT-AUS-Schalter

Löschdecke und Feuerlöscher:
Bei Experimenten mit dem Gasbrenner kann ein Brand entstehen. In diesem Fall können der Feuerlöscher oder die Löschdecke zum Einsatz kommen. Mit der Löschdecke kann man auch brennende Personen bedecken. So wird der Brand erstickt.

Löschdecke

Verbandskasten:
Kleine Verletzungen können mit den Pflastern aus dem Verbandskasten versorgt werden.

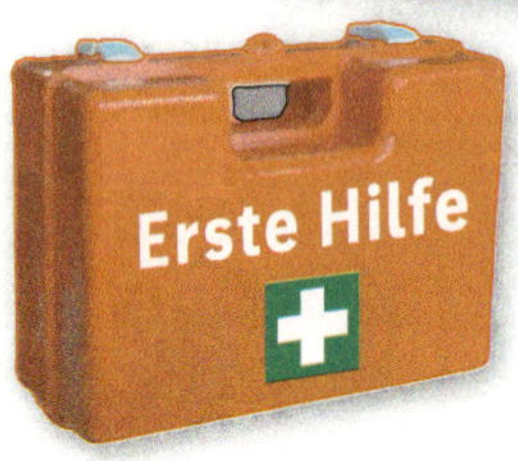

Verbandskasten

Abzug:
Bei manchen Experimenten können sich giftige Gase bilden. Solche Stoffe darf man nicht einatmen. Diese Gase müssen mit dem Abzug abgesaugt werden.

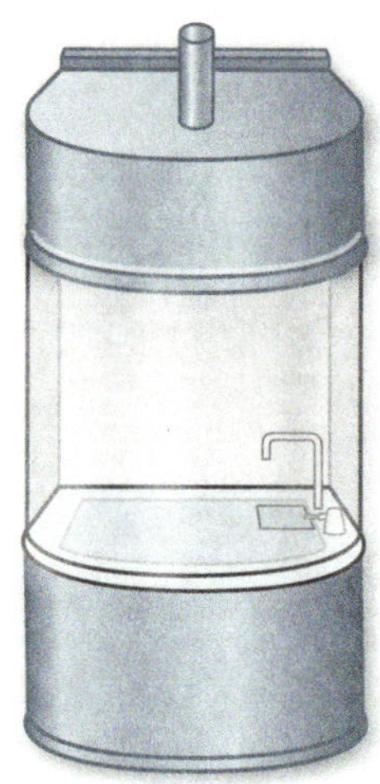

Abzug

Augendusche:
Beim Experimentieren können Stoffe ins Auge gelangen. Dann muss das Auge mit viel Wasser gespült werden. Dazu verwendet man die Augendusche.

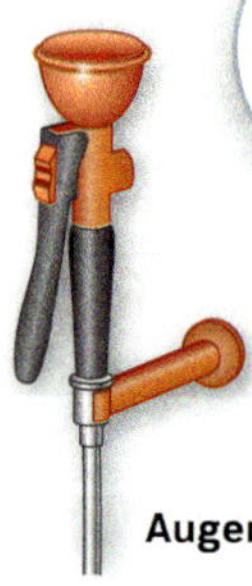

Augendusche

Fluchtwegschilder:
Es kann passieren, dass es bei einem Experiment zu einem größeren Brand kommt. Dann muss man den Raum verlassen. Den schnellsten Weg nach draußen zeigen die grünen Fluchtwegschilder über den Türen.

Fluchtwegschild

Sicherheitshinweise auf Vorratsflaschen

In der Chemiesammlung gibt es Schränke mit Chemikaliengefäßen. Für manche Experimente wird euch eure Lehrkraft eine Vorratsflasche mit einem Stoff bereitstellen. Diese Gefäße haben besondere Etiketten. Stoffe, von denen Gefährdungen für Mensch und Umwelt ausgehen, nennt man **Gefahrstoffe.**

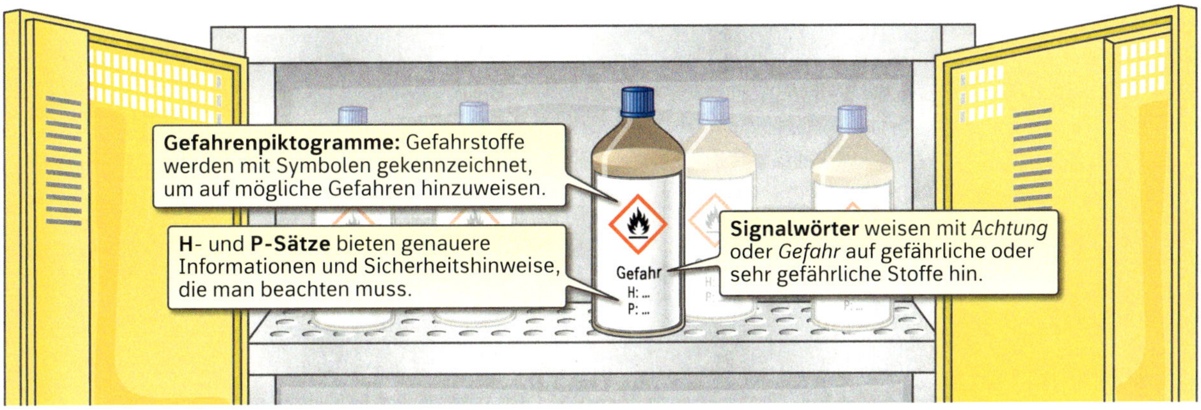

Chemikalien werden nach dem GHS-System international einheitlich eingestuft. GHS bedeutet globally harmonized system. Jedes Gefahrenpiktogramm hat eine bestimmte Bedeutung.

 GHS01 **Explosive Stoffe und Gemische** Stoffe, die explodieren können.	 GHS02 **Entzündbare Stoffe** Stoffe, die leicht entzündet werden können.	 GHS03 **Brandfördernde Stoffe** Stoffe, die die Verbrennung anderer Stoffe fördern.
 GHS04 **Gase unter Druck** Gase, die unter Druck in ein Gefäß gefüllt wurden.	 GHS05 **Ätzende und zersetzende Stoffe** Stoffe, die die Augen und die Haut angreifen und schädigen. Stoffe, die Metall zersetzen.	 GHS06 **Giftige Stoffe** Stoffe, die beim Einatmen, Verschlucken oder bei Kontakt mit der Haut giftig sind.
 GHS07 **Gesundheitsschädliche und reizende Stoffe** Stoffe, die beim Verschlucken, Einatmen oder beim Kontakt mit der Haut gesundheitsschädlich oder reizend sind. Stoffe, die Allergien auslösen.	 GHS08 **Gefährliche Stoffe** Stoffe, die krebserregend sind, ein Kind im Mutterleib schädigen oder die Atemwege schädigen.	 GHS09 **Umweltgefährdende Stoffe** Stoffe, die die Umwelt gefährden oder besonders gefährdend für Gewässer sind.

Sicher experimentieren

Vor dem Experiment

Während des Experiments

Nach dem Experiment

Sicherheitshinweise und Entsorgungshinweise

In diesem Buch werden Sicherheits- und Entsorgungshinweise zu allen Praktikumsversuchen gegeben. Dazu werden die folgenden Zeichen verwendet.

Schutzbrille tragen

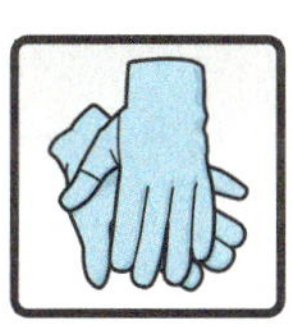
Handschuhe tragen

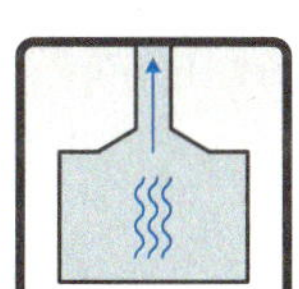
im Abzug arbeiten

Sondermüll

in den Hausmüll geben

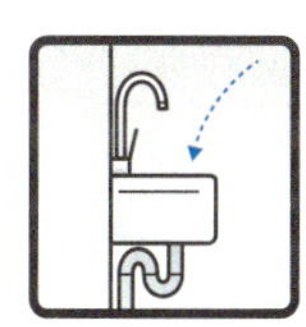
in den Abfluss geben.

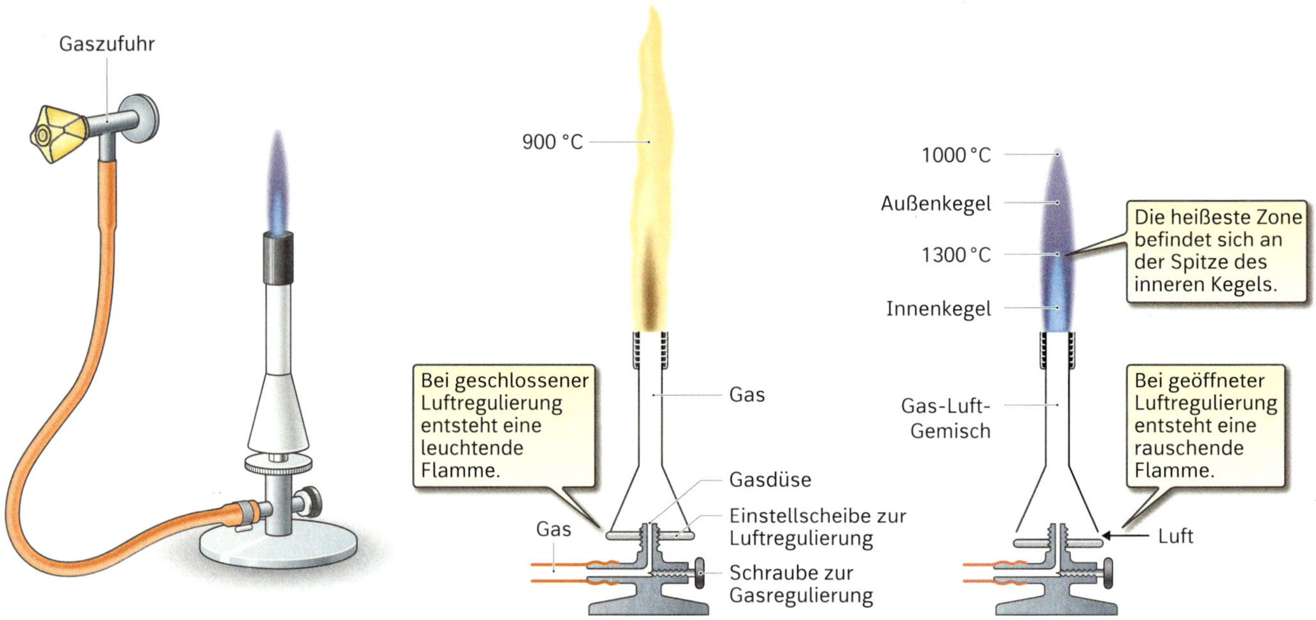

1 Aufbau und Funktion des Gasbrenners

1.1 Der Gasbrenner

WES-151469-014

Im Chemieunterricht ist der Gasbrenner ein wichtiges Gerät, das oft bei Experimenten verwendet wird. Den Umgang mit dem Brenner muss man lernen. Wie ist der Gasbrenner aufgebaut und wie nimmt man ihn sicher in Betrieb?

Aufbau – Es gibt unterschiedliche Gasbrenner. Der Aufbau ist jedoch ähnlich. Der obere Teil besteht aus einem Brennerrohr. Darunter befindet sich die Einstellscheibe zur **Luftregulierung.** Mit der Schraube zur **Gasregulierung** kann man die Höhe der Flamme einstellen.

Flammentypen – Ist die Luftregulierung geschlossen, sieht man eine gelblich **leuchtende Flamme.** Diese Flamme flackert. Wird die Luftregulierung geöffnet, erhält man zunächst eine blaue, nicht leuchtende Flamme. Öffnet man die Luftregulierung vollständig, hört man ein Rauschen. Die **rauschende Flamme** hat zwei blaue Flammenkegel und ist sehr heiß.

In Betrieb nehmen – Beim Experimentieren muss man immer eine Schutzbrille tragen. Das ist besonders wichtig, wenn man mit dem Gasbrenner arbeitet. Um die Brennerflamme sicher zu entzünden, muss man sich an eine ganz bestimmte Reihenfolge halten:

1 Gasregulierung und Luftregulierung müssen geschlossen sein.
2 Brenner an Gaszufuhr anschließen und Gaszufuhr aufdrehen.
3 Gasregulierung etwas öffnen.
4 Brennendes Streichholz über die Öffnung halten.
5 Nach dem Entzünden der Flamme die Luftregulierung öffnen.

Beim Ausmachen des Brenners gilt folgende Reihenfolge:

1 Luftregulierung schließen.
2 Gasregulierung am Brenner schließen.
3 Gaszufuhr zudrehen.

A Flammentypen

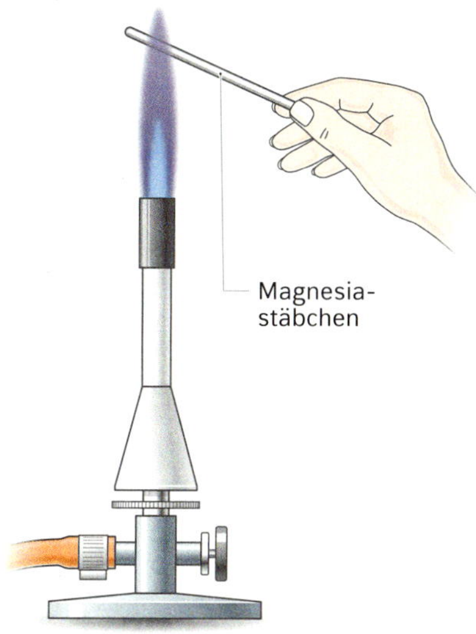

Materialien:
Gasbrenner, Streichholz, Magnesiastäbchen

Durchführung:
1 Nehmt den Gasbrenner in Betrieb. Geht dabei vor, wie auf der linken Seite beschrieben.
2 Stellt die rauschende Flamme ein.
3 Betrachtet die Flamme genau und haltet das Magnesiastäbchen in verschiedene Bereiche der Flamme.
4 Ermittelt die heißeste Stelle der rauschenden Flamme.
5 Macht Fotos, auf denen die Versuchsbeobachtungen ersichtlich sind.
6 Führt die Experimente auch mit der leuchtenden Flamme durch.

Aufgaben:
1 Notiert eure Beobachtungen. Nutzt dazu auch Skizzen oder Fotos zum Versuch. ●●○

B Gefahrlos erhitzen

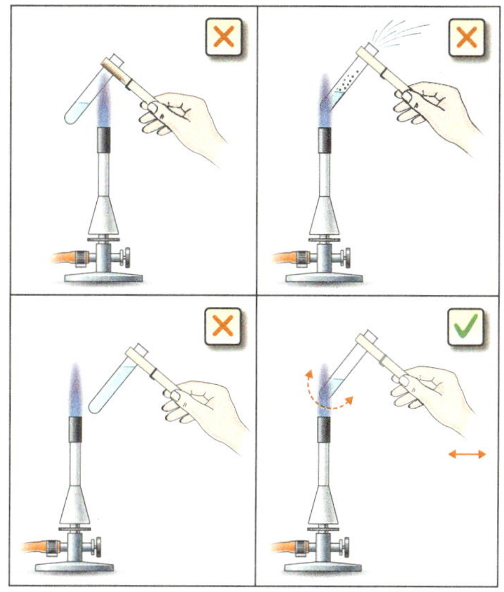

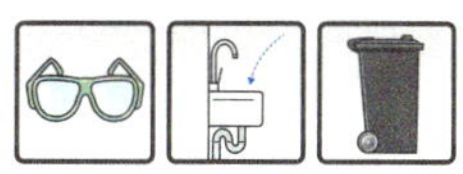

Materialien:
Gasbrenner, Streichholz, Reagenzglas, Reagenzglasklammer; Wasser

Durchführung:
1 Nehmt den Gasbrenner in Betrieb.
2 Stellt die rauschende Flamme ein.
3 Füllt etwa 3 cm hoch Wasser in ein Reagenzglas und klemmt es in die Reagenzglasklammer ein.
4 Erhitzt das Wasser, bis etwa die Hälfte verdampft ist. Dabei darf kein Wasser verspritzen.

Aufgaben:
1 Beschreibt, wie es euch gelingt, das Wasser zu erhitzen ohne Wasser zu verspritzen. ●●○
2 Die vier Abbildungen oben zeigen, wie Wasser mit einem Gasbrenner erhitzt werden kann. Beurteilt, warum drei der abgebildeten Vorgehensweisen nicht sinnvoll sind. ●●●

Zauberstift und Tintenkiller – ein und dasselbe?

Naturwissenschaftliche Experimente macht man nicht nur zum Spaß. Vielmehr geht es darum, neue Erkenntnisse zu gewinnen. Dabei gehen Wissenschaftler und Wissenschaftlerinnen häufig nach einem bestimmten Prinzip vor, dem **naturwissenschaftlichen Erkenntnisweg.** Meist beginnt alles mit einer Beobachtung, aus der sich eine Frage ergibt...

Beobachtung:

Ein Tintenkiller löscht blaue Tinte. Ein Zauberstift verändert die Farben der Zaubermaler. Die Wirkungen sind ähnlich.

Frage:

Hat ein Tintenkiller die gleiche Wirkung auf die Zaubermaler wie ein Zauberstift?

Hypothese:

Zauberstift und Tintenkiller verhalten sich gleich.

Experiment:

Wirkung der beiden Stifte auf einen schwarzen Zaubermaler testen

Ergebnisse widersprechen der Hypothese: Neue Hypothese aufstellen

Die Ergebnisse bestätigen die Hypothese.

Weitere Experimente:

- Wirkung der beiden Stifte auf alle anderen Zaubermaler testen
- Wirkung der einzelnen Inhaltsstoffe auf die Zaubermaler testen

Allgemeingültige Aussage:

Die weiteren Experimente haben die Hypothese bestätigt. Zauberstift und Tintenkiller verhalten sich gleich.

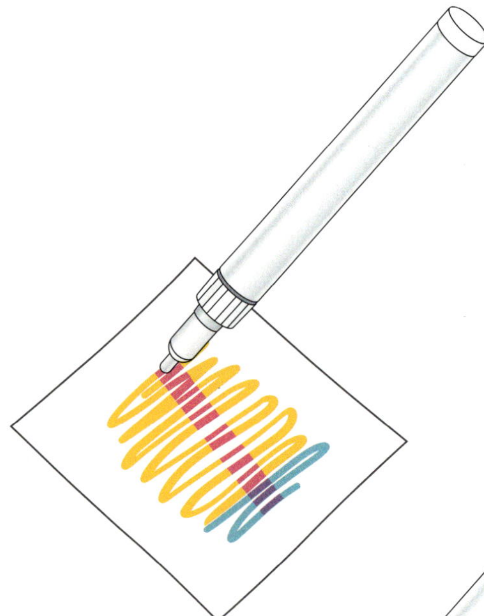

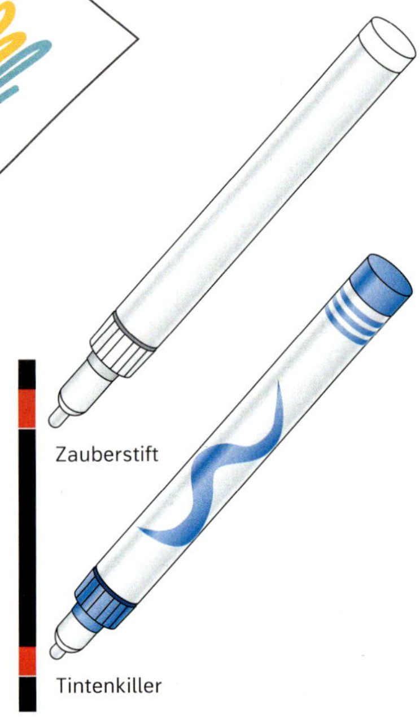

Ein Protokoll schreiben

In einem Versuchsprotokoll notiert man zunächst die Fragestellung und die Hypothese. Darunter listet man die Geräte und die Chemikalien auf, die verwendet wurden. Dann wird vermerkt, wie man das Experiment durchgeführt hat. Nun schreibt man auf, was man während des Experiments beobachtet hat. Zum Schluss versucht man, die Beobachtungen zu erklären.

Protokoll: Zaubermalerversuch,
Seite 20, 13.10.2023

Seitenangabe und **Datum** erleichtern das Auffinden der Aufzeichnungen.

Frage:
Hat ein Tintenkiller die gleiche Wirkung auf die Zaubermaler wie ein Zauberstift?

Die **Hypothese** bezieht sich auf die Fragestellung.

Hypothesen:
Zauberstift und Tintenkiller verhalten sich gleich.

Die **Materialien** für das Experiment werden aufgelistet.

Materialien:
Tintenkiller, Zauberstift, schwarzer Zaubermaler, Papier

Die **Durchführung** muss so beschrieben sein, dass andere das Experiment wiederholen können. Manchmal ist auch eine Skizze sinnvoll.

Durchführung:
1. Auf Papier wird mit einem schwarzen Zaubermaler eine Linie gemalt.
2. Die eine Hälfte der Linie wird mit dem Zaubermaler übermalt. Die andere Hälfte der Linie wird mit dem Tintenkiller übermalt.

Die **Beobachtung** enthält immer nur das, was man sieht, hört oder riecht. Manchmal sind Fotos oder Skizzen sinnvoll. Alle Erklärungen erfolgen erst im Punkt Deutung.

Beobachtungen:
Tintenkiller und Zauberstift färben die schwarze Farbe des Zaubermalers rot.

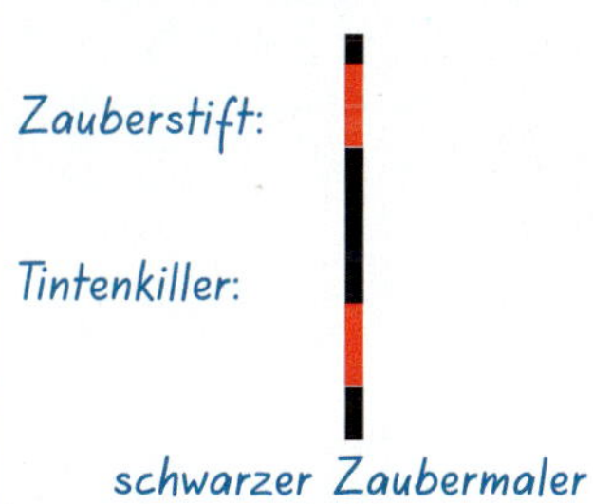

Unter dem Punkt **Deutung** erfolgen alle Erklärungen. Diese müssen sich auf die Fragestellung beziehen. Auch weiterführende Experimente können vorgeschlagen werden.

Deutung:
Der Versuch bestätigt die Hypothese. Zauberstift und Tintenkiller verhalten sich gleich. Vermutlich enthalten die Stifte die gleichen Inhaltsstoffe. Um das sicherer zu bestätigen, müssen noch weitere Zaubermaler untersucht werden. Man könnte auch noch die einzelnen Inhaltsstoffe an den Zaubermalern testen.

Stoffeigenschaften

Stoffe haben unterschiedliche Eigenschaften. Anhand typischer Stoffeigenschaften lassen sich Stoffe erkennen und unterscheiden.

Farbe, Geruch und Geschmack

Mandarinen, Äpfel und Zitronen kann man mit den Augen an ihren Farben unterscheiden. Manche Stoffeigenschaften kann man mit den Sinnen erkennen. Einige Stoffe haben einen bestimmten Geruch, einen typischen Geschmack oder eine bestimmte Farbe.

Verhalten beim Erhitzen

Hält man ein Stück Schokolade über eine Flamme, schmilzt es. Wird die Schokolade weiter erhitzt, entsteht eine schwarze Masse. Wird Wasser erwärmt, beginnt das Wasser zu sieden. Einige Stoffe schmelzen beim Erhitzen, manche sieden und andere Stoffe zersetzen sich.

Brennbarkeit

Führt man ein brennendes Streichholz an eine Schale mit Spiritus, werden Flammen sichtbar. Manche Stoffe wie Spiritus und Holz sind brennbar. Sie lassen sich entzünden. Sand lässt sich nicht entzünden. Sand gehört zu den Stoffen, die nicht brennbar sind. Er wird daher zum Löschen von Feuer eingesetzt.

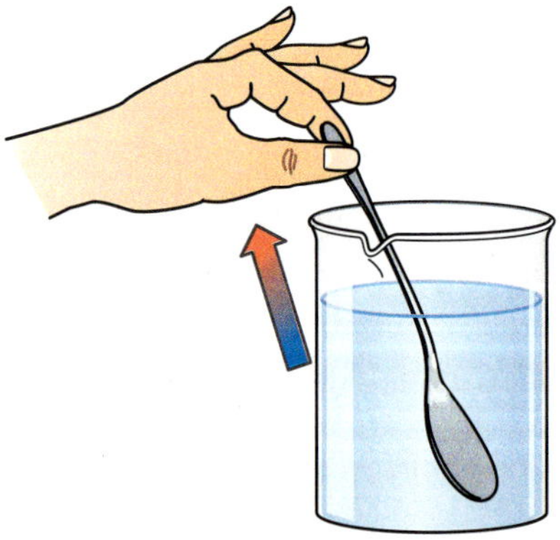

Wärmeleitfähigkeit

Hält man einen Silberlöffel in siedend heißes Wasser, erwärmt sich der Löffel rasch. Silber leitet die Wärme gut. Metalle haben eine hohe Wärmeleitfähigkeit. Ein Löffel aus Holz oder Kunststoff erwärmt sich kaum. Einige Stoffe wie Holz und Kunststoff besitzen eine geringere Wärmeleitfähigkeit.

Elektrische Leitfähigkeit

Kupferdrähte leiten den elektrischen Strom. Kunststoffe leiten den elektrischen Strom nicht. Manche Feststoffe sind elektrisch leitfähig. Wasser leitet den elektrischen Strom schwach. Eine Salzlösung zeigt eine bessere elektrische Leitfähigkeit. Auch Lösungen können den elektrischen Strom leiten.

Magnetisierbarkeit

Die Metalle Eisen, Nickel, Cobalt und Neodym werden von einem Magneten angezogen. Sie sind magnetisierbar. Andere Metalle wie Kupfer werden nicht von dem Magneten angezogen. Stoffe, die nicht von einem Magneten angezogen werden, sind nicht magnetisierbar. Anhand der Magnetisierbarkeit kann man Stoffe unterscheiden.

Löslichkeit

Tinte löst sich in Wasser. Man sagt, sie ist löslich. Pflanzenöl schwimmt auf dem Wasser, es ist unlöslich. Pflanzenöl löst sich aber in Benzin. Manche Stoffe lösen sich in Wasser, andere in Alkohol oder in Benzin. Diese Flüssigkeiten werden als Lösemittel bezeichnet. Verschiedene Stoffe können in unterschiedlichen Flüssigkeiten löslich oder unlöslich sein.

Sauer, alkalisch und neutral

Essig ist eine saure Lösung. Eine Seifenlösung ist nicht sauer, sondern alkalisch. Reines Wasser ist neutral. Lösungen können sauer, alkalisch oder neutral sein. Dies kann man mit einem Universalindikator überprüfen. Der Indikator zeigt durch unterschiedliche Farben an, wie stark sauer oder alkalisch eine Lösung ist.

pH-Wert – Mit Universalindikatorpapier kann man prüfen, ob eine Lösung sauer, alkalisch oder neutral ist. Ein kleiner Streifen wird kurz in die Lösung getaucht. Die angezeigte Farbe wird mit einer Skala verglichen. Den einzelnen Farben ist ein Zahlenwert zugeordnet, den man **pH-Wert** nennt. Eine neutrale Lösung ist weder sauer noch alkalisch. Sie hat einen pH-Wert von 7. Der pH-Wert saurer Lösung liegt zwischen 0 und 7, bei alkalischen Lösungen liegt der pH-Wert zwischen 7 und 14.

A pH-Werte von Alltagslösungen

GHS05 GHS07

Materialien:

Bechergläser (50 ml); Universalindikatorpapier, Waschpulver (GHS07), Kernseife, Soda (GHS07), Natron, Rohrreiniger (GHS05), Speiseessig, Mineralwasser, Weißwein, destilliertes Wasser

Durchführung:

1 Stellt aus den Proben verdünnte Lösungen her und bestimmt mit dem Universalindikatorpapier den pH-Wert.

Aufgaben:

1 Notiert die Farben des Indikatorpapiers und die pH-Werte der Proben. ●○○

B Rotkohlindikator

GHS05 GHS07

Materialien:

Bechergläser (50 ml), Pipetten, Reagenzgläser; Rotkohlsaft, Waschpulver (GHS07), Kernseife, Soda (GHS07), Natron, Rohrreiniger (GHS05), Speiseessig, Zitronensaft, Mineralwasser, Milch, destilliertes Wasser

Durchführung:

1 Stellt aus den Proben verdünnte Lösungen her.

2 Gebt 3 ml der Lösungen in je ein Reagenzglas und fügt jeweils 3 ml Rotkohlsaft hinzu.

Aufgaben:

1 Notiert in einer Tabelle die Farben der Proben nach Zugabe des Rotkohlsaftes. ●○○

2 Ordnet den Farben die pH-Werte zu. Nutzt dazu den Film zum Rotkohlindikator aus diesem Buch oder eine Abbildung aus dem Internet. ●●○

3 Das chemische Spiegelei entsteht, wenn man auf durch Gelatine verfestigen Rotkohlsaft eine Lösung tropft. Plant ein Experiment, das zu dem dargestellten Ergebnis führen könnte. ●●●

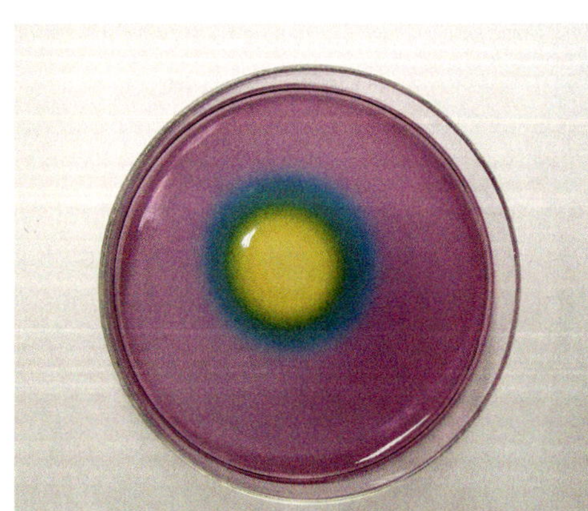

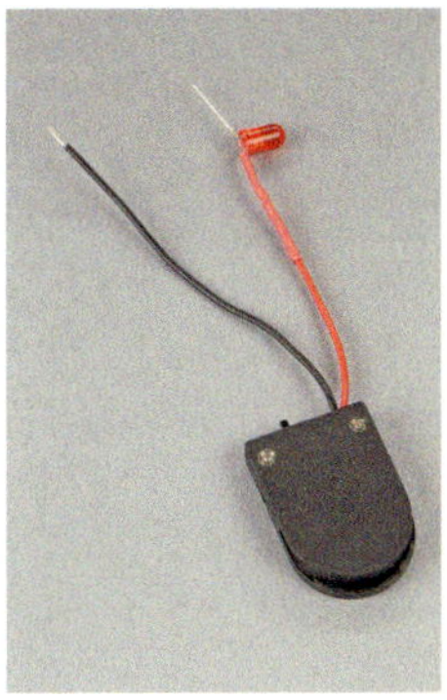

C Elektrische Leitfähigkeit

Materialien:

Papier, Tüpfelplatte, LED-Leitfähigkeitsprüfer; Leitungswasser, Kochsalzlösung, Mineralwasser, destilliertes Wasser

Durchführung:

1 Legt die Tüpfelplatte auf ein Papierblatt.
2 Gebt in die Vertiefungen der Tüpfelplatte jeweils einige Tropfen der zu prüfenden Lösung. Notiert auf dem Blatt neben der jeweiligen Vertiefung, welche Lösung ihr eingefüllt habt.
3 Prüft nun die Leitfähigkeit mit dem Leitfähigkeitsprüfer. Die LED leuchtet auf, wenn die Flüssigkeit den Strom leitet.
4 Spült nach jeder Prüfung die Kabel des Leifähigkeitsprüfers sorgfältig mit destilliertem Wasser ab und trocknet sie mit einem Haushaltstuch.

Aufgaben:

1 Notiert eure Ergebnisse in einer Tabelle. ●○○
2 Ordnet die Flüssigkeiten nach ihrer Fähigkeit, Strom zu leiten. ●●○
3 Stellt eine Hypothese auf, wovon die elektrische Leitfähigkeit der Flüssigkeiten abhängt. ●●○

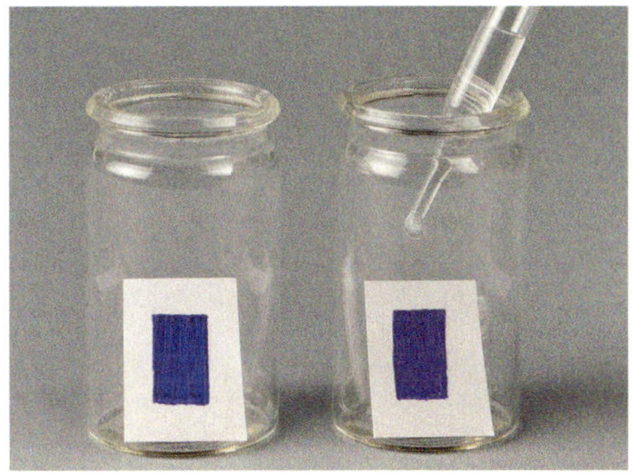

D Löslichkeit

GHS02 GHS07

Materialien:

Papier, 4 Rollrandgläser mit Deckel, Pipetten, Filzstifte, Kugelschreiber; Wasser, Isopropanol (GHS02, GHS07)

Durchführung:

1 Malt mit einem Kugelschreiber einen dicken Strich auf zwei Papierschnipsel.
2 Gebt die Schnipsel in zwei Rollrandgläser. Gebt in ein Glas etwa 1 cm hoch Wasser, in das zweite etwa 1 cm hoch Isopropanol.
3 Verschließt die Rollrandgläser und schüttelt vorsichtig.
4 Wiederholt das Experiment mit anderen Stiften.
5 Fotografiert eure Ergebnisse.

Aufgaben:

1 Notiert eure Beobachtungen. ●●○
2 Schreibt ein Protokoll zum Experiment. Nutzt dafür auch eure Fotos. ●●○
3 In einem Klassenraum soll eine Schmiererei entfernt werden. Auf einem der Tische ist mit einem wasserfestem Stift geschrieben worden. Gebt einen Tipp, wie der Tisch wieder gereinigt werden kann. ●●○

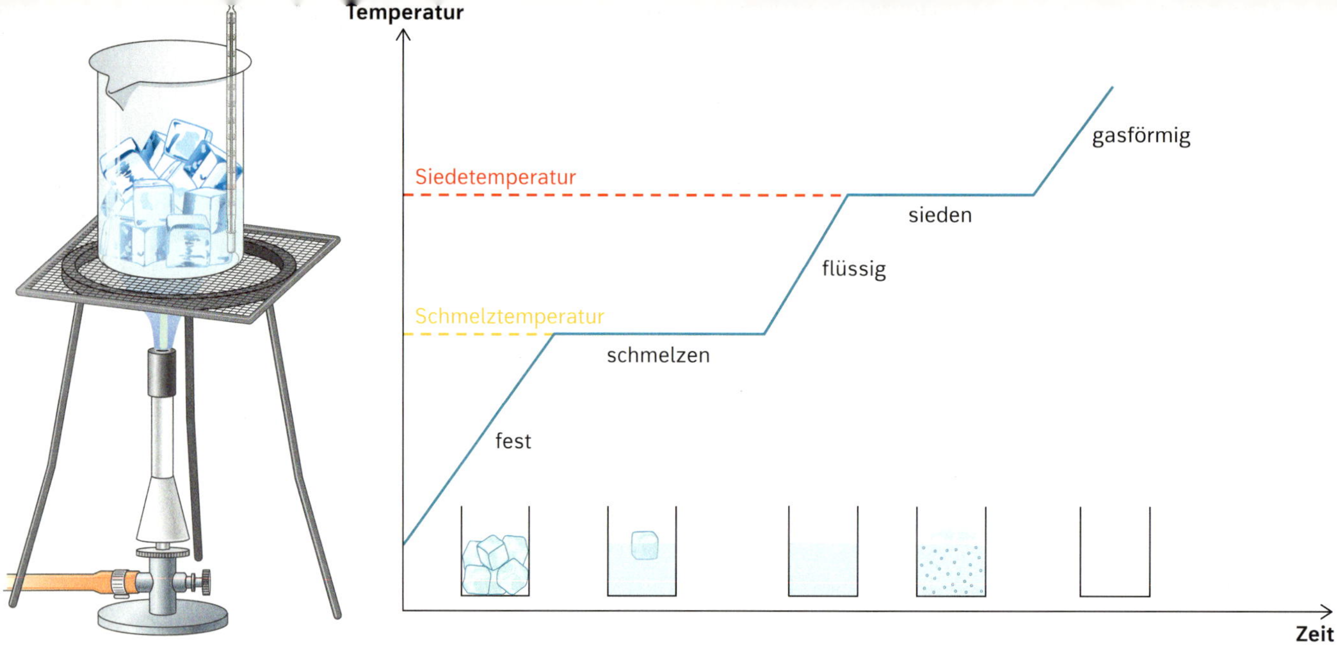

1 Siedekurve von Wasser

2.1 Aggregatzustände und Teilchenmodell

WES-151469-022

Eis schmilzt beim Erwärmen, Wasser verdampft bei stärkerem Erhitzen. Im Labor können diese Vorgänge genauer untersucht und in einem Diagramm dargestellt werden. Der entstehende Graph hat einen bestimmten Verlauf. Wie kann dieser Verlauf erklärt werden?

Schmelzvorgang – Im Labor wird Eis erhitzt, bis es schmilzt. Das entstehende Wasser wird weiter erhitzt, bis es siedet und verdampft. Während dieses Experiments wird jede Minute die Temperatur des Stoffes gemessen. Die erhaltenen Werte werden in ein Diagramm eingetragen. Auf der x-Achse wird die Zeit eingetragen, auf der y-Achse die gemessene Temperatur. Die Werte werden durch eine Linie verbunden. Die entstehende Kurve wird **Siedekurve** genannt. Es ist zu sehen, dass beim Erhitzen die Temperatur zunächst ansteigt. Das Eis wird wärmer. Bei 0 °C beginnen die ersten Eiswürfel langsam zu schmelzen. Das Wasser geht vom festen in den flüssigen Aggregatzustand über. 0 °C ist die **Schmelztemperatur** von Wasser. Wird weiter erhitzt, schmelzen weitere Eiswürfel. Es ist immer mehr Wasser und weniger Eis vorhanden. Trotzdem zeigt die Siedekurve, dass die Temperatur gleich bleibt. Dies erkennt man am waagerechten Verlauf der Kurve. Die Temperatur bleibt so lange konstant, bis keine Eiswürfel mehr vorhanden sind, obwohl ständig erhitzt wird. Erst wenn das komplette Eis geschmolzen ist, steigt die Temperatur weiter an. Das Wasser wird wärmer.

Siedevorgang – Das Wasser wird weiter erhitzt. Dabei steigt die Temperatur bis auf 100 °C an. Wird diese Temperatur erreicht, steigen Gasblasen im Wasser auf. Das flüssige Wasser wird gasförmig, es siedet. 100 °C ist die **Siedetemperatur** von Wasser. In der Siedekurve bleibt die Temperatur ab diesem Moment gleich. Dies erkennt man wieder am waagerechten Verlauf der Siedekurve. Wird weiter erhitzt, bleibt die Temperatur so lange konstant, bis das komplette Wasser zu Wasserdampf geworden ist. Erst dann steigt die Temperatur des Wasserdampfes wieder an.

Basiskonzept
Struktur-Eigenschaft

Die Anordnung der Teilchen bestimmt die Eigenschaften der Stoffe.

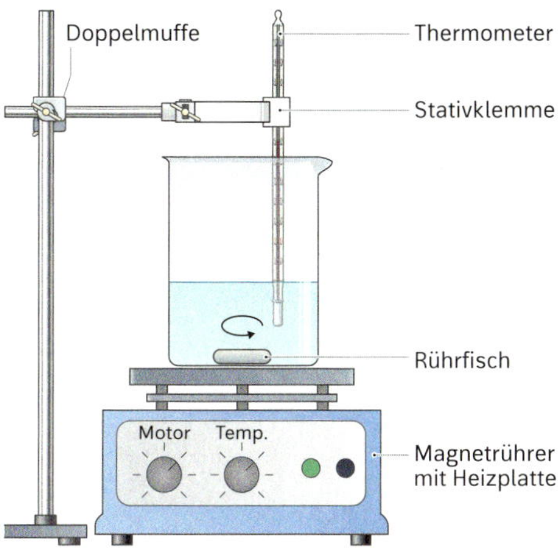

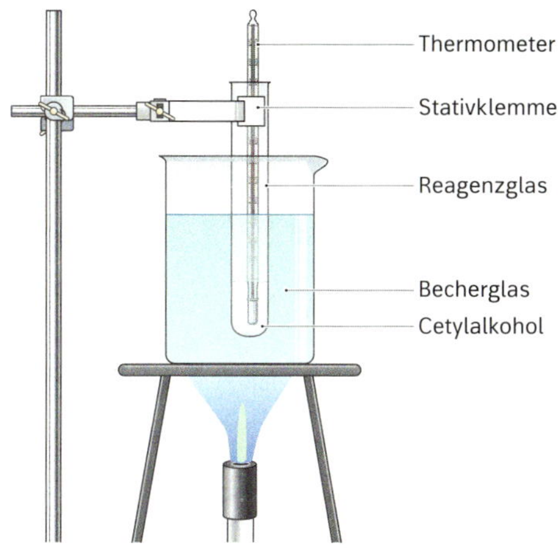

A Versuche mit Wasser

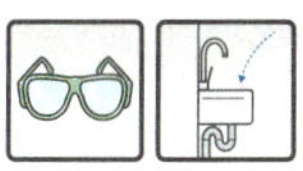

Materialien:
Magnetrührer mit Heizplatte, Becherglas, Stativ, Klemme, Thermometer, Rührfisch; Eiswürfel

Durchführung:
1 Baut die Apparatur auf.
2 Gebt Eiswürfel in das Becherglas, bis das Becherglas etwa bis zur Hälfte gefüllt ist.
3 Erhitzt, bis das entstehende Wasser siedet.
4 Messt jede Minute die Temperatur und tragt sie in eine Tabelle ein.

Aufgaben:
1 Notiert eure Beobachtungen. ●○○
2 Notiert die höchste Temperatur, die ihr bei eurem Experiment gemessen habt. ●○○
3 Fertigt mit den Messdaten ein Diagramm an. ●●○
4 Beschreibt, wie sich die Temperatur im Verlauf des Versuchs ändert. ●●○

B Erstarrungskurve

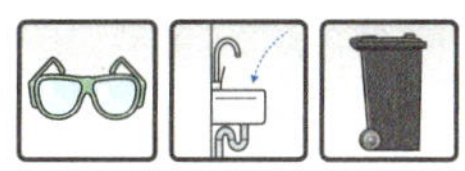

Materialien:
Stativ, Dreifuß, Drahtnetz, Stativklemme, Doppelmuffe, Reagenzglas, Thermometer, Becherglas, Gasbrenner; Wasser, Cetylalkohol

Durchführung:
1 Gebt etwa 2 cm hoch Cetylalkohol in das Reagenzglas.
2 Baut die Versuchsapparatur gemäß der Abbildung auf.
3 Erhitzt das Wasserbad so lange bis der Cetylalkohol geschmolzen ist.
4 Zieht das eingespannte Reagenzglas mit der Muffe hoch und entfernt das Wasserbad.
5 Notiert beim Abkühlen des Cetylalkohols 10 Minuten lang alle 20 Sekunden die Temperatur in einer Tabelle.

Aufgaben:
1 Erstellt eine Temperaturkurve, indem ihr die Messwerte in ein Koordinatensystem eintragt. ●●○

Teilchenmodell – Der altgriechische Philosoph Demokrit stellte sich vor, dass alle Stoffe aus kleinen Teilchen bestehen. Wasser besteht also aus Wasser-Teilchen, Zucker aus Zucker-Teilchen und Kupfer aus Kupfer-Teilchen. Alle Teilchen eines Stoffes sind exakt gleich. Sie haben also die gleiche Größe, Form und Masse. Die Teilchen verschiedener Stoffe unterscheiden sich. Zwischen den Teilchen befindet sich leerer Raum. Es ist also tatsächlich gar nichts zwischen den Teilchen. Auch heute bestätigen wissenschaftliche Untersuchungen, dass Stoffe aus Teilchen bestehen. Mithilfe des **Teilchenmodells** lassen sich viele Beobachtungen, wie zum Beispiel die Änderung der Aggregatzustände, erklären. Da die Teilchen so klein sind, hat man noch niemals ein Teilchen gesehen. Es ist daher nicht möglich, Aussagen über ihr Aussehen, ihre Form oder Größe zu treffen. Aus diesem Grund kann man sich für die Teilchen bei Abbildungen Form und Farbe ausdenken.

Aggregatzustände – Nach dem Teilchenmodell besteht der Stoff Wasser aus Wasser-Teilchen. Dabei ist es egal, ob Wasser als Eis, als flüssiges Wasser oder als Wasserdampf vorkommt. Die Wasser-Teilchen sind in allen Aggregatzuständen exakt gleich. Lediglich die Anordnung der Teilchen ist in den drei Aggregatzuständen unterschiedlich. Außerdem unterscheiden sie sich in der Stärke ihrer Bewegung. Diese Vorstellung über die Anordnung und die Bewegung der Teilchen in den unterschiedlichen Aggregatzuständen lässt sich auf alle Stoffe übertragen.

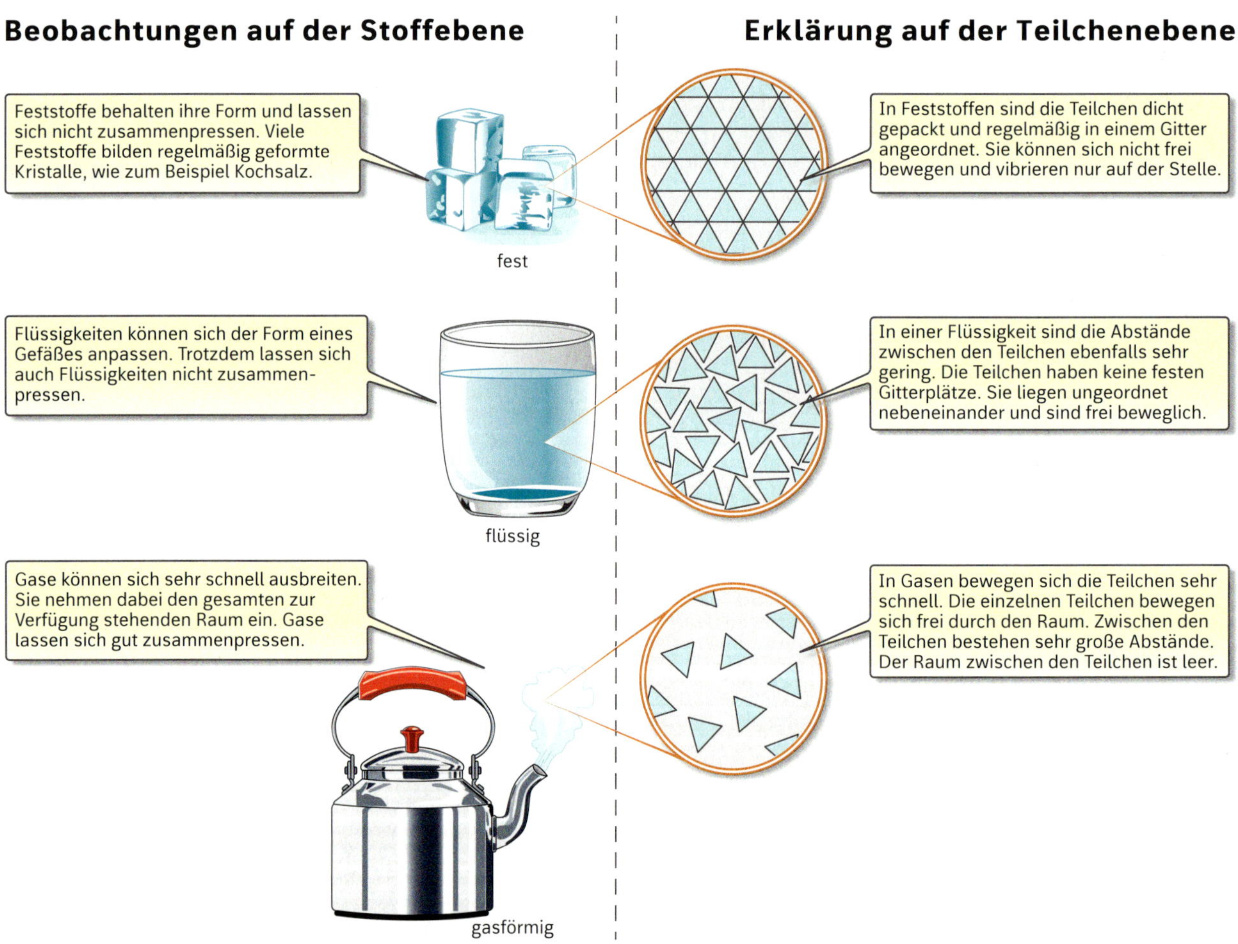

2 Aggregatzustände und Teilchenmodell

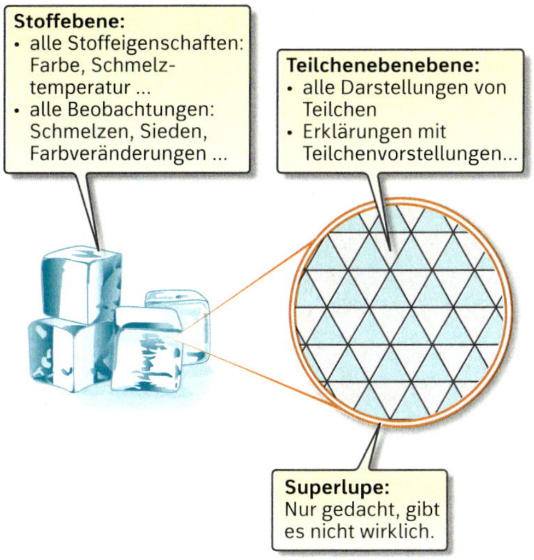

3 Stoffebene, Teilchenebene, Superlupe

Stoffebene – Wasser hat spezielle Stoffeigenschaften. Es ist geruchlos, geschmacklos, farblos und klar. Die Schmelztemperatur beträgt 0 °C. Die Siedetemperatur ist 100 °C. Auch andere Stoffe besitzen ganz bestimmte Stoffeigenschaften. Diese Stoffeigenschaften beschreiben Stoffe auf der **Stoffebene.**

Teilchenebene – Die Änderung des Aggregatzustands von Wasser lässt sich mit dem Teilchenmodell erklären. Wird Eis erwärmt, beginnt es zu schmelzen. Auf der Teilchenebene bedeutet dies, dass die Wasser-Teilchen schneller vibrieren und schließlich ihre festen Plätze verlassen. Sie liegen zwar immer noch eng beieinander, können sich aber nun frei bewegen. Auch viele andere Beobachtungen können auf der Ebene der nicht sichtbaren Teilchen erklärt werden. Man spricht dann von der **Teilchenebene.**

Superlupe – Um die Teilchen in einem Stoff sichtbar zu machen, kann man sich eine Lupe vorstellen, mit der man so stark in den Stoff hineinzoomen kann, dass die Teilchen sichtbar werden. Natürlich gibt es eine solche Superlupe nicht wirklich. Die Vorstellung kann aber helfen, Vorgänge auf der Teilchenebene zu veranschaulichen. Die Teilchen der Stoffe werden in diesem Buch oft in der Superlupe dargestellt.

MATERIAL MIT AUFGABEN

A Teilchenmodell

1 Die Abbildung zeigt Übergänge zwischen Aggregatzuständen im Teilchenmodell. Ordne den dargestellten Aggregatzuständen und den jeweiligen Übergängen die entsprechenden Begriffe zu. ●●○

2 Erkläre die Übergänge zwischen den Aggregatzuständen auf der Teilchenebene. ●●○

B Wasser und Luft

Eine Schulklasse macht ein Experiment. Eine Spritze wird mit 5 ml Luft, eine zweite mit 5 ml Wasser gefüllt. Anschließend werden die Öffnungen der Spritzen verschlossen. Die Kinder versuchen den Stempel bei beiden Spritzen hineinzudrücken. Bei der Spritze mit Luft gelingt dies gut. Bei der Spritze mit Wasser lässt sich der Stempel nicht hineindrücken.

1 Erkläre auf Teilchenebene, warum der Stempel bei der mit Luft gefüllten Spritze eingedrückt werden kann und bei der mit Wasser gefüllten Spritze nicht. ●●○

2 Veranschauliche deine Erklärungen zu Aufgabe 1 mit eigenen Abbildungen mit der Superlupe. ●●○

1 Verschiedene Körper sinken unterschiedlich tief in Öl oder Wasser ein.

2.2 Die Dichte – eine Stoffeigenschaft

WES-151469-026

Die Stoffe Olivenöl und Wasser lassen sich nicht mischen. Gibt man Öl und Wasser zusammen, so schwimmt das Öl immer auf dem Wasser. Werden nun noch verschiedene Körper hinzugegeben, sinken diese unterschiedlich tief. Wie ist das zu erklären?

Dichte von Flüssigkeiten – In einen Messzylinder werden 100 ml Wasser gefüllt, in einen zweiten 100 ml Olivenöl. Die beiden Flüssigkeiten werden gewogen. Das Wasser wiegt 100 g. Das Olivenöl wiegt nur 92 g. Das Wasser hat eine größere Masse als Olivenöl. Wenn 100 ml Olivenöl 92 g wiegen, dann wiegt 1 ml Olivenöl 0,92 g. 1 ml Wasser wiegt 1 g. Olivenöl wiegt also 0,92 Gramm pro Milliliter. Wasser wiegt 1 g pro Milliliter. Die Masse eines Stoffes pro Volumen bezeichnet man als **Dichte.** Olivenöl hat eine Dichte von $0{,}92\ \frac{g}{ml}$. Wasser hat eine Dichte von $1\ \frac{g}{ml}$. Das Symbol für die Dichte ist der griechische Buchstabe Rho, ϱ. Die Dichte wird gewöhnlich in der Einheit Gramm pro Kubikzentimeter, $\frac{g}{cm^3}$, angegeben. Bei Flüssigkeiten ist es wichtig zu wissen, dass ein Kubikzentimeter einem Milliliter entspricht. Die Dichte des Olivenöls ist geringer ist als die Dichte des Wassers. Daher schwimmt das Öl immer auf dem Wasser. Die Dichte ist wie die Schmelztemperatur eine Stoffeigenschaft. Jeder Stoff hat eine bestimmte Dichte. Kennt man die Masse m und das Volumen V einer Stoffportion, kann man die Dichte ϱ berechnen:

$$\text{Dichte} = \frac{\text{Masse}}{\text{Volumen}} \qquad \varrho = \frac{m}{V}$$

Die Dichte von Olivenöl beträgt also:

$$\varrho\,(\text{Olivenöl}) = \frac{92\ g}{100\ cm^3} = 0{,}92\ \frac{g}{cm^3}$$

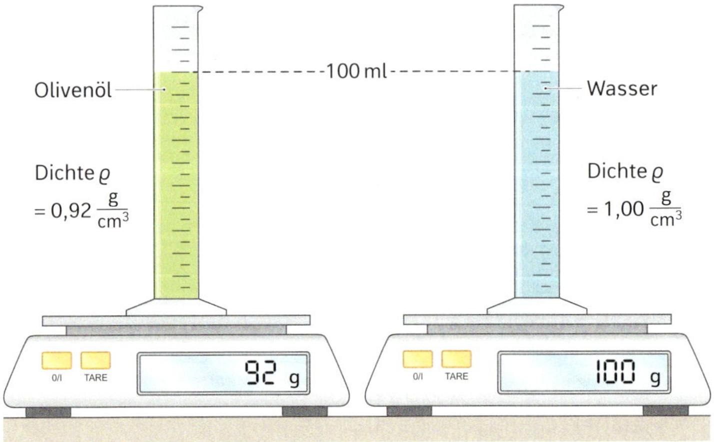

2 Massen von 100 ml verschiedener Flüssigkeiten

Regelmäßig geformte Körper

Der Würfel aus Tannenholz schwimmt auf der Ölschicht, der Kupferwürfel sinkt bis auf den Grund der Wasserschicht hinab. Um die Dichten der Würfel zu ermitteln, benötigt man deren Massen und Volumina. Beide Würfel sind gleich groß. Die Kantenlängen betragen je 2 cm. Man erhält das Volumen, indem man die Kantenlängen multipliziert:

$2\ \text{cm} \cdot 2\ \text{cm} \cdot 2\ \text{cm} = 8\ \text{cm}^3$

Die Massen der Würfel kann man mit der Waage bestimmen. Der Würfel aus Tannenholz wiegt 4 g. Der Würfel aus Kupfer wiegt 71,7 g. Nun kann man die Dichten berechnen:

$$\varrho(\text{Tannenholz}) = \frac{4{,}0\ \text{g}}{8\ \text{cm}^3} = 0{,}5\ \frac{\text{g}}{\text{cm}^3}$$

$$\varrho(\text{Kupfer}) = \frac{71{,}7\ \text{g}}{8\ \text{cm}^3} = 8{,}96\ \frac{\text{g}}{\text{cm}^3}$$

Kupfer hat eine höhere Dichte als Wasser und sinkt deshalb bis auf den Grund der Wasserschicht. Tannenholz hat eine geringere Dichte als Öl und schwimmt daher auf der Ölschicht.

MATERIAL MIT AUFGABEN

A Dichtebestimmung

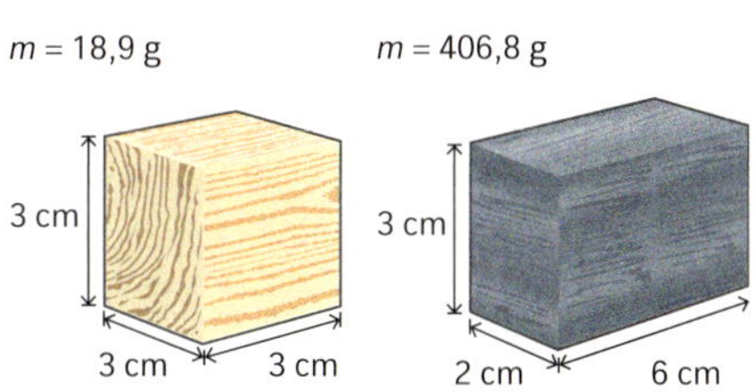

1 Ermittle die Dichte der Gegenstände. ●●○

2 Stelle eine Vermutung auf, aus welchem Metall der rechte Quader besteht. Nutze dazu das Periodensystem im Anhang des Buches. ●●○

3 Ein Quader besteht aus dem gleichen Material wie der rechte Quader. Er hat die Maße 4 cm · 6 cm · 16 cm. Bestimme die Masse. ●●●

PRAKTIKUM

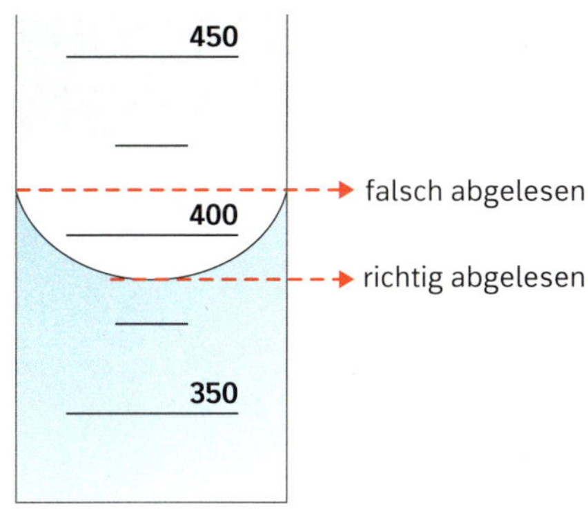

A Wasser und Öl

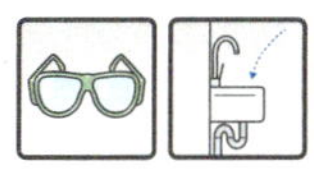

Materialien:

Waage, 2 Messzylinder (50 ml); Wasser, Speiseöl

Durchführung:

1 Wiegt die leeren Messzylinder und notiert die jeweilige Masse.

2 Wiegt mit dem ersten Messzylinder 10, 20, 30, 40 und 50 ml Wasser und notiert die Werte in einer Tabelle, so wie unten gezeigt.

3 Wiegt mit dem zweiten Messzylinder 10, 20, 30, 40 und 50 ml Öl und notiert die Werte ebenfalls in der Tabelle.

Aufgaben:

1 Stellt eure Messwerte in einem Diagramm dar. Tragt auf der y-Achse die Masse und auf der y-Achse das Volumen auf. ●●○

2 Erläutert, welche Gesetzmäßigkeit euch auffällt. ●●●

Volumen in cm³	Masse in g
10	?
…	…

Mit einem Formeldreieck lässt sich diese Gleichung leicht umstellen:

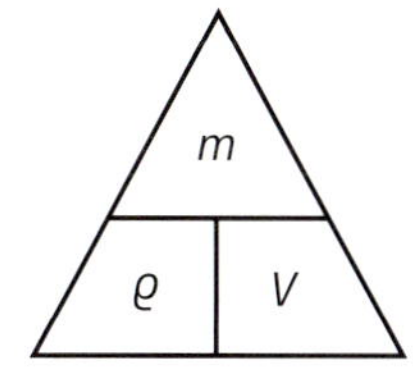

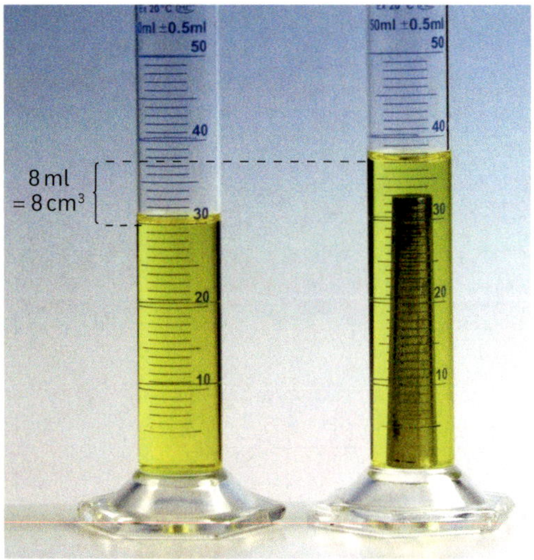

3 Volumenbestimmung

PRAKTIKUM

B Eisennagel oder Zinknagel?

Materialien:
Nägel aus Eisen und Zink

Forschungsauftrag:
Zinkplatten werden von Dachdeckern immer auch mit Zinknägeln befestigt. Eisennägel würden die Platten beschädigen, da die unterschiedlichen Metalle mit der Zeit miteinander reagieren. In einer Materialbox sind Zinknägel und Eisennägel durcheinander geraten. Die Nagelsorten sehen sehr ähnlich aus.

1 Plant eine Versuchsdurchführung, mit der sich Zinknägel und Eisennägel unterscheiden lassen. ●●●
2 Führt das Experiment durch.
3 Bewertet eure Versuchsplanung hinsichtlich Schnelligkeit der Durchführung und Genauigkeit der Versuchsergebnisse. Macht Verbesserungsvorschläge. ●●○

Unregelmäßig geformte Körper – Nicht alle Gegenstände sind so regelmäßig geformt, wie die Würfel aus unserem Beispiel. Nägel oder ein Kupferstab lassen sich beispielsweise nicht so einfach vermessen. Das Volumen unregelmäßig geformter Gegenstände kann man aber mit einem anderen Verfahren bestimmen. Möchte man das Volumen eines Kupferstabs bestimmen, füllt man zunächst einen Messzylinder mit Wasser. Der Flüssigkeitsstand an der Skala wird abgelesen. Er beträgt 30 ml. Dann gibt man den Kupferstab in den Messzylinder. Dabei verdrängt der Kupferstab genau die Menge an Wasser, die seinem eigenen Volumen entspricht. Der Wasserstand steigt auf 38 ml an. Der Wasserstand im Messzylinder ist genau um das Volumen des Kupferstabs angestiegen. Das Volumen des Kupferstabs beträgt daher 8 ml, dies entspricht 8 cm^3.

Mit unserem Milchdeckel funktioniert dies nicht ganz so einfach, da dieser aus Polypropen besteht. Dieser Stoff hat eine geringere Dichte als Wasser. Der Deckel schwimmt deshalb auf der Wasseroberfläche. Um sein Volumen zu bestimmen, muss man ihn mit einem dünnen Draht vorsichtig unter die Wasseroberfläche drücken. Nun lässt sich auch hier aus der Differenz des Wasserstandes im Messzylinder das Volumen des Deckels berechnen.

Dichte von Gasen – Nicht nur Feststoffe und Flüssigkeiten haben eine Dichte, sondern auch Gase. Um die Dichte eines Gases zu ermitteln, füllt man das Gas in eine Spritze und verschließt sie. Das Volumen des Gases kann man an der Spritze ablesen. Dann wiegt man die Spritze mit dem Gas darin. Danach drückt man das Gas heraus und verschließt die Spritze wieder. Nun zieht man den Stempel der Spritze bis zum gemessenen Gasvolumen heraus und klemmt ihn fest. Die nun luftleere Spritze wird gewogen. Die Differenz der Massen ergibt die Masse des Gases. Aus dem Volumen und der Masse des Gases kann nun die Dichte berechnet werden.

C Dichte von Luft

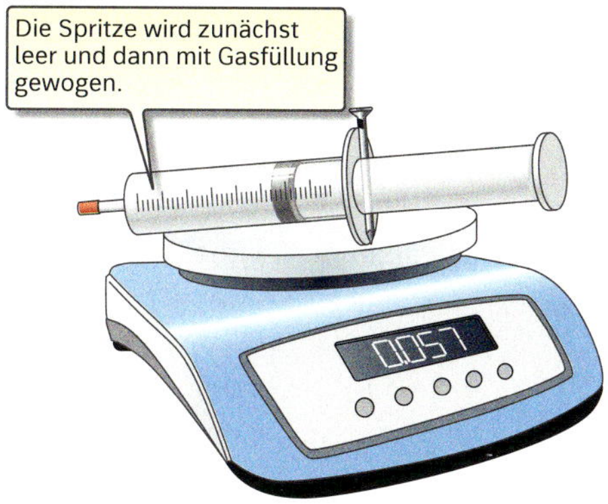

Materialien:

Waage mit Wägebreich von 1 mg, 100-ml-Spritze mit Luer-Lock-Kappe und Loch zum Fixieren des Stempels, Nagel

Durchführung:

1 Verschließt die Spritze mit einer Luer-Lock-Kappe.
2 Zieht den Stempel bis zu einem Volumen von 50 ml hinaus und fixiert ihn mit dem Nagel.
3 Legt die nun luftleere Spritze auf die Waage. Betätigt die Tara-Taste. Die Waage zeigt jetzt 0,000 g an.
4 Öffnet die Kappe und lasst Luft in die Spritze. Legt die Spritze mit dem Nagel und der Kappe erneut auf die Waage. Die Waage zeigt jetzt die Masse der mit 50 ml Luft gefüllten Spritze an.

Aufgaben:

1 Ermittelt die Dichte von Luft in $\frac{g}{cm^3}$. ●●○
2 Die Dichte von Gasen wird häufig in $\frac{g}{l}$, Gramm pro Liter, angegeben. Ein Liter sind 1000 ml = 1000 cm^3. Ermittelt die Dichte von Luft in $\frac{g}{l}$. ●●○
(3) Ermittelt die Masse der Luft im Klassenraum: 1 m^3 = 1000 l = 1000000 ml ●●●

D Trennung von Kunststoffen

Materialien:

2 Bechergläser (100 ml); je 3 beschriftete Schnipsel aus den Kunststoffen PP, PET und PS, gesättigte Kochsalzlösung, Wasser

Forschungsauftrag:

1 Mischt die Kunststoffschnipsel. Plant ein Experiment, um die Kunststoffschnipsel mithilfe von Wasser und Kochsalzlösung zu trennen. Nutzt hierfür die Angaben in der unten abgebildeten Tabelle. ●●○
2 Führt das Experiment durch.
3 Dokumentiert das Experiment mit Fotos. ●○○
4 Fertigt ein Protokoll des Experimentes an. Nutzt dafür auch die Fotos. ●●○

Stoff	Dichte
Polypropen, PP	0,9 $\frac{g}{cm^3}$
Polystyrol, PS	1,05 $\frac{g}{cm^3}$
PET	1,3 $\frac{g}{cm^3}$
Wasser	1 $\frac{g}{cm^3}$
gesättigte Kochsalzlösung	1,2 $\frac{g}{cm^3}$

Gemischtypen

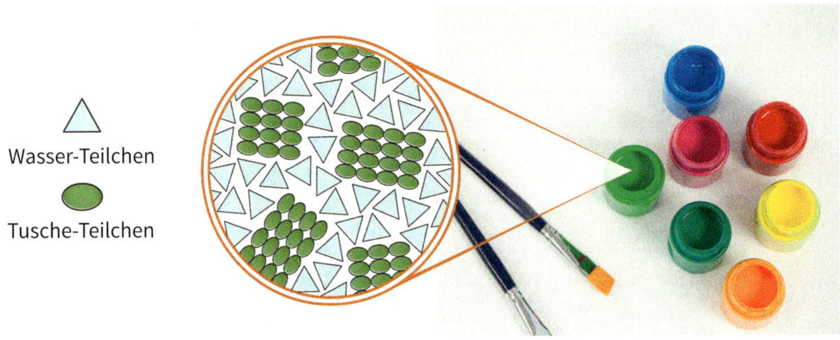

Suspension:

Beispiel: Wasserfarben

- Stoffebene: Heterogenes Gemisch eines Feststoffs in einer Flüssigkeit
- Teilchenebene: Gruppen von Teilchen eines Feststoffes befinden sich zwischen den Teilchen einer Flüssigkeit.

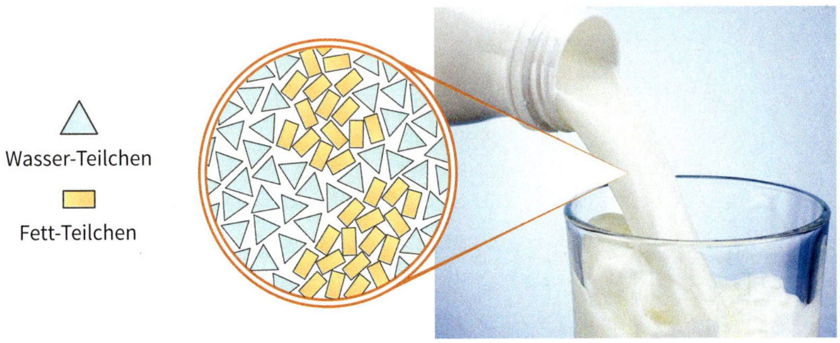

Emulsion:

Beispiel: Milch

- Stoffebene: Heterogenes Gemisch einer Flüssigkeit in einer anderen Flüssigkeit
- Teilchenebene: Gruppen von Teilchen einer Flüssigkeit befinden sich zwischen den Teilchen einer anderen Flüssigkeit.

Nebel:

Beispiel: Nebel im Gebirge

- Stoffebene: Heterogenes Gemisch einer Flüssigkeit in einem Gas
- Teilchenebene: Gruppen von Teilchen einer Flüssigkeit befinden sich zwischen den Teilchen eines Gases.

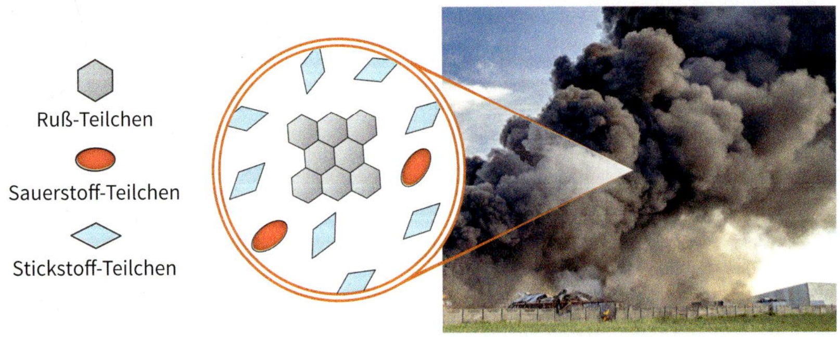

Rauch:

Beispiel: Rauch bei einem Brand

- Stoffebene: Heterogenes Gemisch eines Feststoffs in einem Gas
- Teilchenebene: Gruppen von Teilchen eines Feststoffs befinden sich zwischen den Teilchen eines Gases.

Gemenge:

Beispiel: Würzmischung

- Stoffebene: Heterogenes Gemisch von verschiedenen Feststoffen
- Teilchenebene: Gruppen von Teilchen verschiedener Feststoffe liegen nebeneinander vor.

Legierung:

Beispiel: Messing

- Stoffebene: Homogenes Gemisch von verschiedenen Metallen
- Teilchenebene: Einzelne Teilchen eines Metalls befinden sich zwischen den Teilchen eines anderen Metalls.

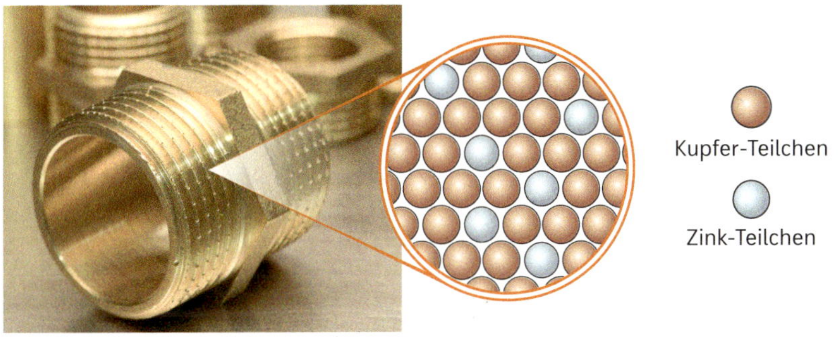

Lösung:

Beispiel: Tee

- Stoffebene: Homogenes Gemisch eines Feststoffs, einer Flüssigkeit oder eines Gases in einer Flüssigkeit
- Teilchenebene: Einzelne Teilchen eines Stoffes befinden sich zwischen den Teilchen einer Flüssigkeit.

Gasgemisch:

Beispiel: Luft

- Stoffebene: Homogenes Gemisch von verschiedenen Gasen
- Teilchenebene: Einzelne Teilchen eines Gases befinden sich zwischen den Teilchen eines anderen Gases.

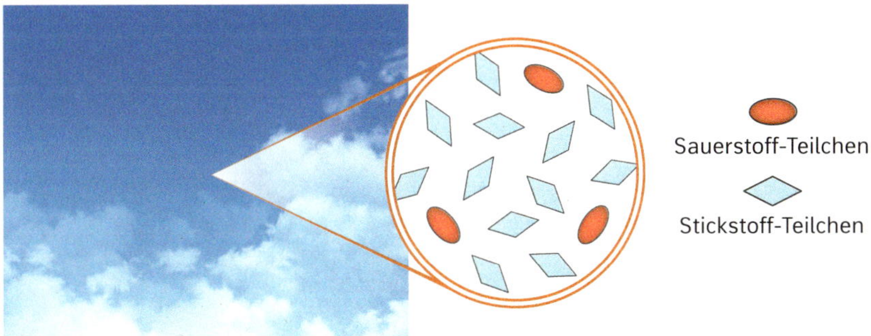

Trennverfahren

Meerwasser, Cola oder Rotwein sind Stoffgemische. Will man diese Stoffgemische trennen, wendet man verschiedene Trennverfahren an. Man nutzt zur Trennung der Stoffe die unterschiedlichen Stoffeigenschaften.

Sedimentieren / Dekantieren / Eindampfen

Der Sand im Meerwasser hat eine höhere Dichte als das Salzwasser. Er setzt sich ab. Dieses Absetzen heißt **Sedimentieren.** Das darüberstehende Salzwasser kann man abgießen. Man nennt dies **Dekantieren.** Wasser hat eine niedrigere Siedetemperatur als Kochsalz. Erhitzt man Salzwasser, verdampft zuerst das Wasser. Durch **Eindampfen** kann man das Salz vom Wasser trennen.

Filtrieren

Sandkörner im Meerwasser sind kleine Bröckchen, die in der Flüssigkeit schweben. Man nennt solche Bröckchen **Partikel.** Aus Wasser kann man Sand mit Filtrierpapier abtrennen. Filtrierpapier besitzt kleine Löcher, die man Poren nennt. Durch diese Löcher kann das Wasser hindurch laufen. Partikel von Feststoffen passen nicht durch die Löcher und werden zurückgehalten. Dieses Trennverfahren heißt **Filtrieren**.

Verwendet man zum Filtrieren Rundfilterpapier, muss das Filtrierpapier zu einer kleinen Tüte gefaltet werden. Die Filtertüte sollte immer ein wenig größer als der Trichter sein. Den Trichter kann man in ein Stativ einspannen. Man kann ihn aber auch direkt auf den Erlenmeyerkolben setzen.

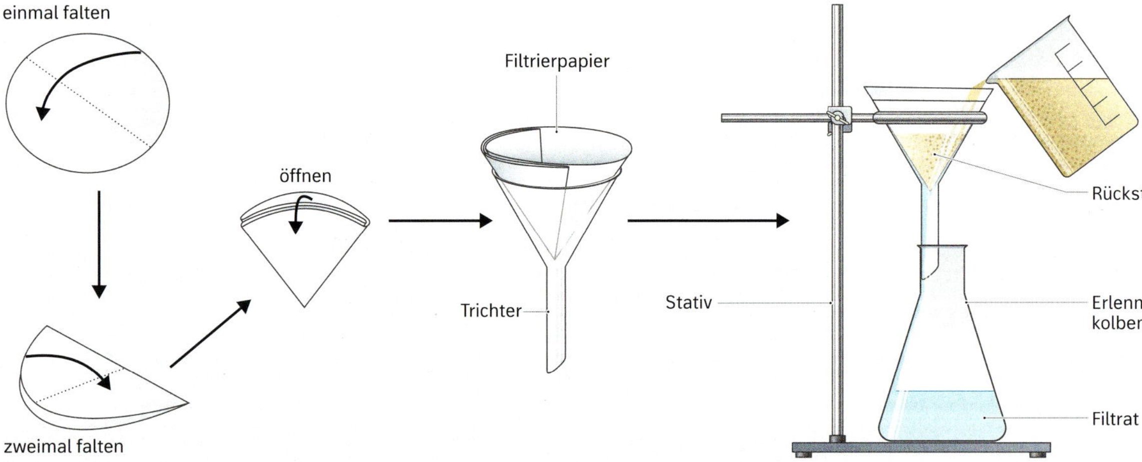

Destillieren

Rotwein ist ein Gemisch aus Wasser, Alkohol, Geschmacksstoffen und Farbstoffen. Wasser siedet bei 100 °C, Alkohol bei 78 °C. Erhitzt man das Gemisch, verdampft zunächst der Alkohol. Die Trennung von Stoffen aufgrund unterschiedlicher Siedetemperaturen nennt man **Destillation**.

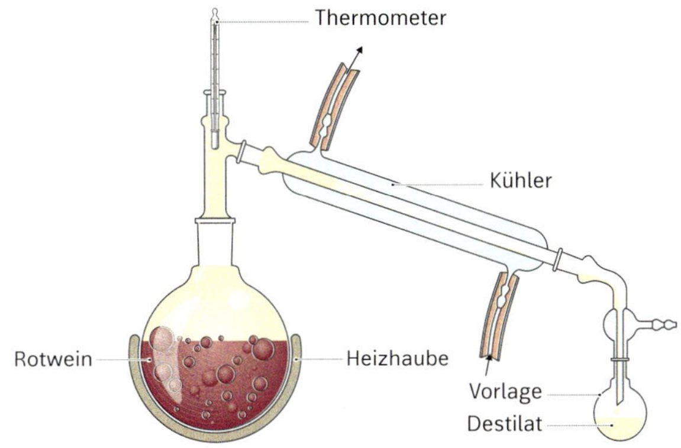

Extrahieren

Wasser löst nur die löslichen Bestandteile des Tees. Unlösliche Bestandteile bleiben im Teebeutel zurück. Das Abtrennen löslicher Bestandteile von unlöslichen Bestandteilen heißt **Extrahieren.**

Adsorbieren

Der Farbstoff in der Cola haftet an Aktivkohlepulver. Das Haften eines Stoffes an einer Oberfläche bezeichnet man als **Adsorbieren.** Der anhaftende Stoff kann zusammen mit dem Adsorptionsmittel aus der Lösung abfiltriert werden.

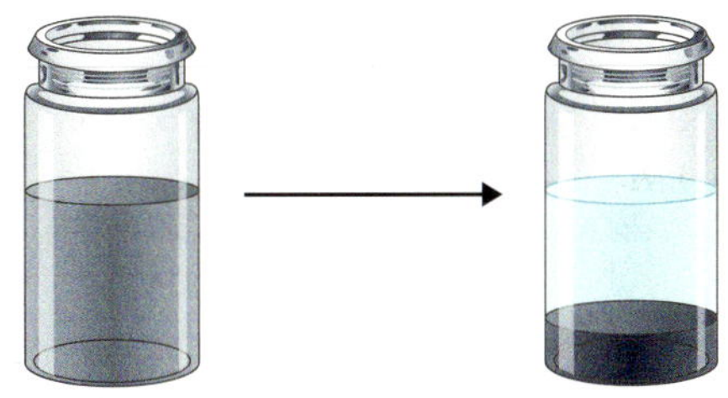

Chromatografieren

Filzstiftfarbe besteht aus mehreren Farbstoffen. Zeichnet man einen Strich auf Filtrierpapier und lässt Wasser im Filtrierpapier aufsteigen, wird die Filzstiftfarbe in die verschiedenen Farbstoffe aufgetrennt. Die verschiedenen Farbstoffe wandern unterschiedlich schnell durch das Filtrierpapier. Dieses Trennverfahren heißt **Chromatografie**.

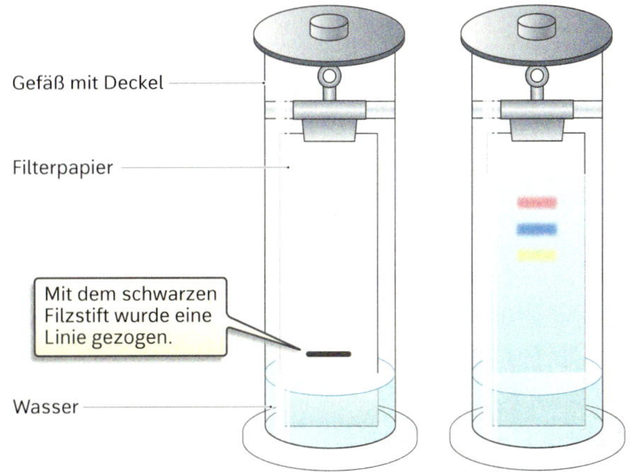

A Adsorption von Farbstoffen

Materialien:

3 Rollrandgläser mit Deckel, 3 Reagenzgläser, Spatel, Reagenzglasständer, Trichter, Filtrierpapier; Waldmeisterbrause, Polyamidpulver, Wasser

Durchführung:

1 Füllt drei Rollrandgläser etwa zur Hälfte mit Waldmeisterbrause.
2 Gebt jeweils eine große Spatelspitze Polyamidpulver zur Waldmeisterbrause in das Rollrandglas.
3 Verschließt die Rollrandgläser mit den Deckeln und schüttelt die Gläser unterschiedlich lange: eine Minute, drei Minuten und fünf Minuten.
4 Filtriert die erhaltenen Flüssigkeiten in drei Reagenzgläser.
5 Fotografiert die Filtrate und das Polyamidpulver nach der Filtration.

Aufgaben:

1 Beschreibt eure Beobachtungen. Dabei kann das Aussehen der Filtrate mit einem Foto dokumentiert werden. ●●○
2 Beschreibt die Funktion des Polyamidpulvers. ●●○
3 Stellt eine Hypothese auf, warum die Filtrate unterschiedlich aussehen. ●●○

B Extraktion von Riboflavin

Materialien:

Rollrandglas, UV-Lampe, Filterpapier, Trichter, Reagenzglas; verschiedene Sorten Vanillepuddingpulver, Wasser, Vanillesauce

Hinweis: Riboflavin ist Vitamin B2. Eine Lösung dieses Vitamins in Wasser leuchtet unter ultraviolettem Licht grüngelb.

Durchführung:

1 Gebt etwas Vanillepuddingpulver in ein Rollrandglas und untersucht es mit der UV-Lampe.
2 Gebt etwas Wasser hinzu, verschließt und schüttelt das Rollrandglas.
3 Filtriert die Flüssigkeit in ein Reagenzglas oder ein weiteres Rollrandglas.
4 Untersucht sowohl das Filtrat, als auch den Rückstand mit der UV-Lampe.
5 Wiederholt den Versuch mit Vanillepuddingpulver anderer Marken oder mit Vanillesauce.

Aufgaben:

1 Deutet die Versuchsergebnisse. ●●○
2 Stellt eine Hypothese zur Löslichkeit von Riboflavin auf. ●●●

C Filtrieren

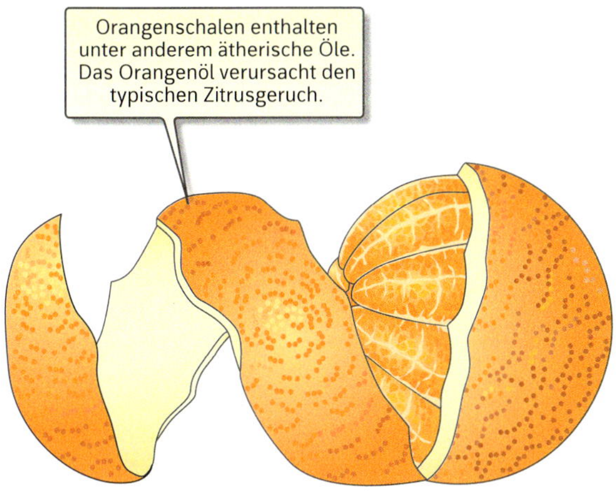

Materialien:

Erlenmeyerkolben (250 ml), Becherglas (250 ml), Glasstab, Trichter, Filtrierpapier, Reibeschale, Pistill, Messer; Orangenschale, Seesand, Wasser

Durchführung:

1 Schneidet die Orangenschale mit dem Messer in kleine Stücke.
2 Zerreibt die Orangenschale zusammen mit etwas Seesand in der Reibeschale, bis ein Brei entsteht.
3 Gebt den Orangenschalenbrei in das Becherglas und fügt 100 ml Wasser hinzu.
4 Rührt einige Zeit mit dem Glasstab um und führt am Gemisch eine Geruchsprobe durch.
5 Faltet das Filtrierpapier und legt es in den Trichter. Filtriert dann das Gemisch durch den Trichter in den Erlenmeyerkolben.
6 Führt am Filtrat sowie am Rückstand jeweils eine Geruchsprobe durch.

Aufgaben:

1 Erstellt zu dem Experiment ein Protokoll. Das Protokoll soll eine Skizze oder ein Foto enthalten. ●●○
2 Deutet die Versuchsergebnisse hinsichtlich der Wasserlöslichkeit verschiedener Bestandteile der Orangenschale. ●●○

D Destillieren

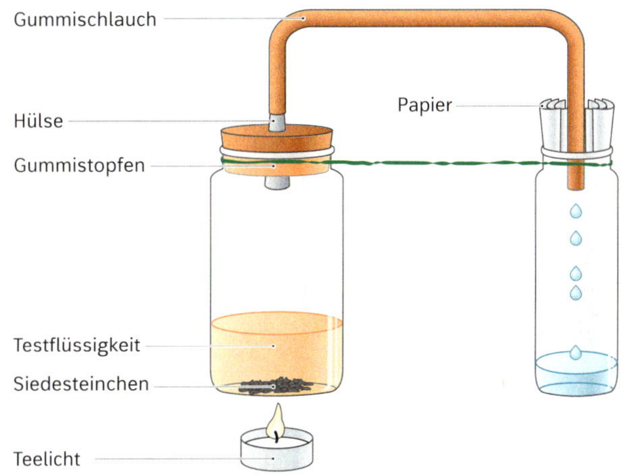

Materialien:

2 Rollrandgläser, Hülse einer Einwegpipette, durchbohrter Deckel oder Stopfen, Gummischlauch, Draht, Teelicht, Siedesteinchen, Reagenzglasklammer; Filtrat aus Praktikum C

Durchführung:

1 Baut die Apparatur auf. Verwendet als Hülse eine abgeschnittene Einwegpipette. Das rechte Rollrandglas kann auch mit einem Deckel mit zwei Löchern verschlossen werden.
2 Füllt in das linke Glas 5 ml des Filtrats aus dem Praktikum A. Wenn dieses Filtrat nicht zur Verfügung steht, könnt ihr ersatzweise eine farbige Brause verwenden.
3 Destilliert, bis das rechte Glas etwa einen halben Zentimeter hoch gefüllt ist.
4 Führt mit dem Filtrat und dem Destillat jeweils eine Geruchsprobe durch. Wendet dabei das Verfahren des Chemischen Riechens an.

Aufgaben:

1 Beschreibt eure Beobachtungen. ●●○
2 Deutet die Versuchsergebnisse. ●●○
3 Stellt eine Hypothese zur Siedetemperatur von Orangenöl auf. ●●○

MERKE!

DAS NEUE IN KÜRZE

Den **GASBRENNER** in Betrieb nehmen:

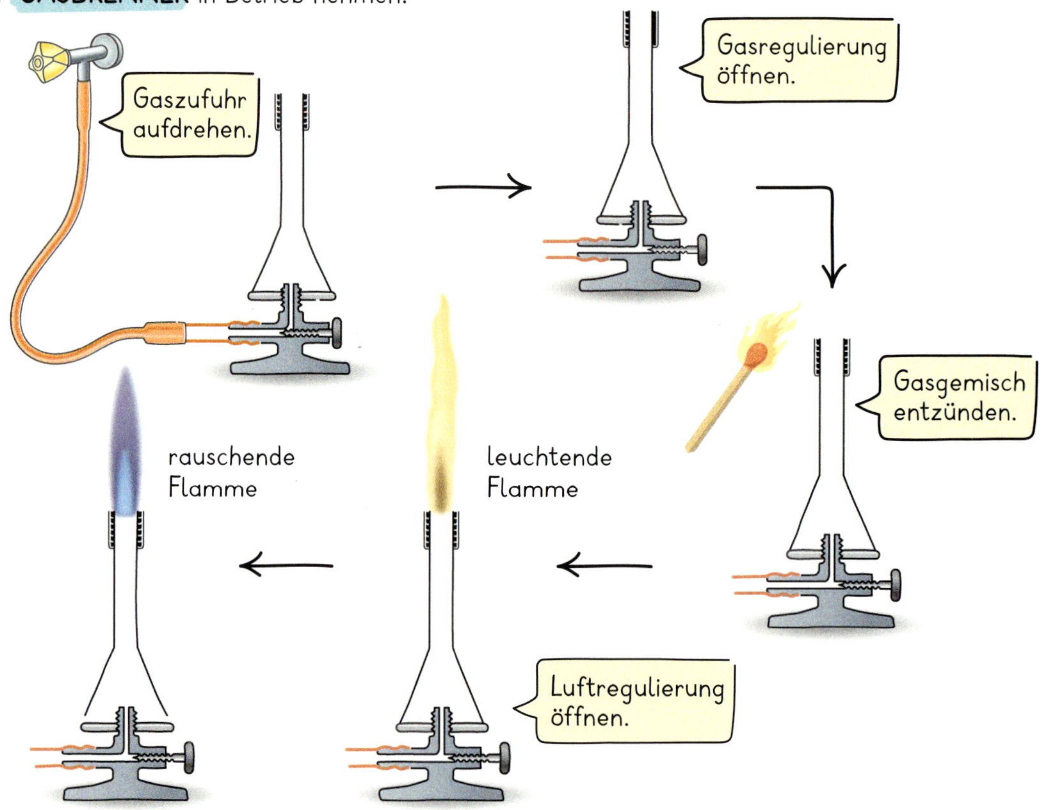

Die **DICHTE** ist die Masse von einem Kubikzentimeter eines Stoffs. Jeder Stoff hat eine ganz bestimmte Dichte.

Berechnung: $\text{Dichte} = \frac{\text{Masse } m}{\text{Volumen } V}$

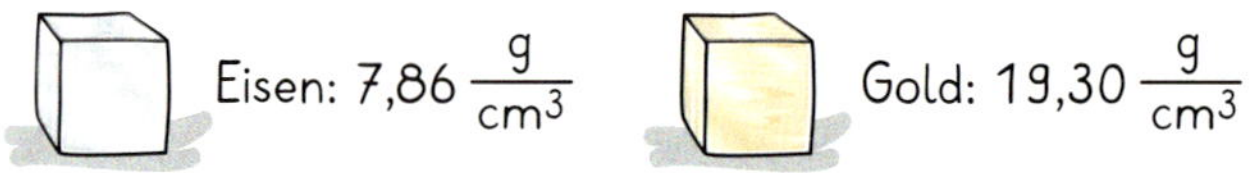

Das **VOLUMEN** eines Körpers entspricht dem Volumen an Wasser, das er verdrängt.

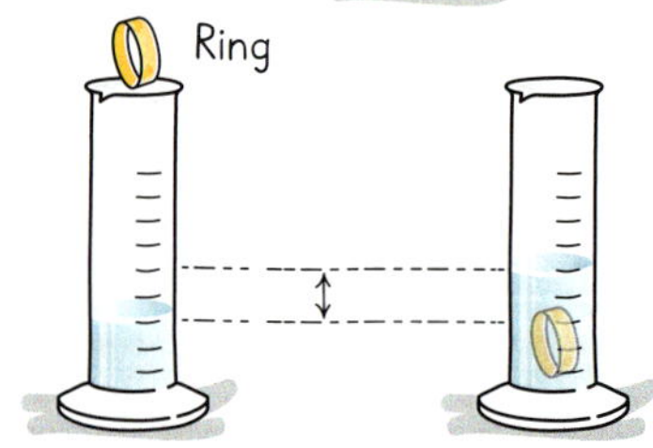

MERKE!

STOFFEBENE: Dazu gehören alle Stoffeigenschaften und Vorgänge, die man beobachten kann.

sauer/alkalisch

sieden

Auf der Ebene der Stoffe beobachtet man…

TEILCHENEBENE: Alle Stoffe bestehen aus Teilchen. Die Teilchen eines Stoffes sind alle gleich. Die Teilchen verschiedener Stoffe unterscheiden sich.

Kupfer-Teilchen

Wasser-Teilchen

Auf der Ebene der Teilchen kann man erklären…

FESTSTOFFE sind stabil und schwer verformbar.

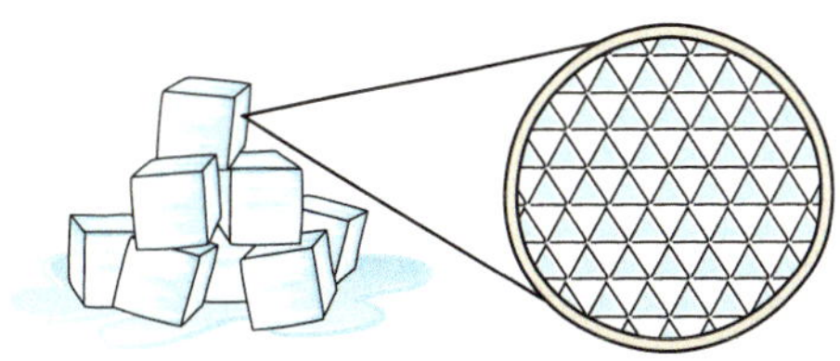

Teilchen haben geringe Abstände und vibrieren auf festen Plätzen.

FLÜSSIGKEITEN passen sich jeder Form an.

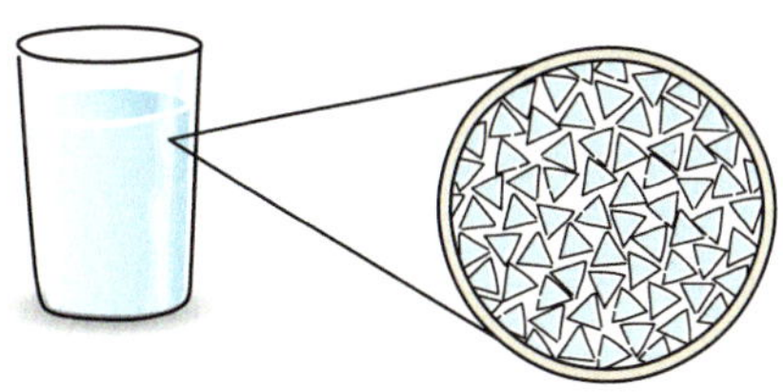

Teilchen haben geringe Abstände und sind frei beweglich.

GASE verbreiten sich schnell im ganzen Raum.

Teilchen haben große Abstände. Sie sind frei beweglich und bewegen sich sehr schnell.

Teste dich

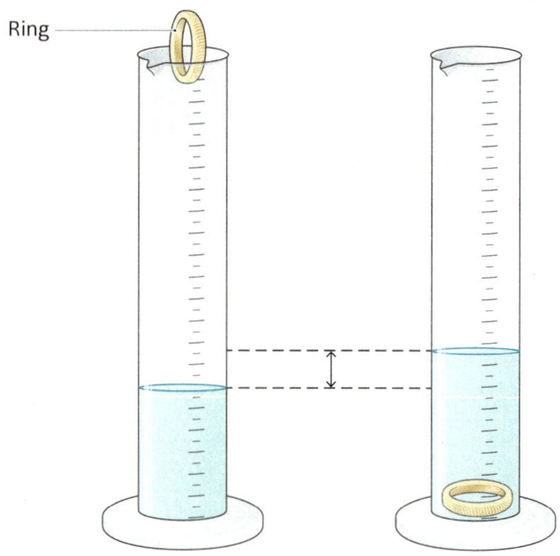

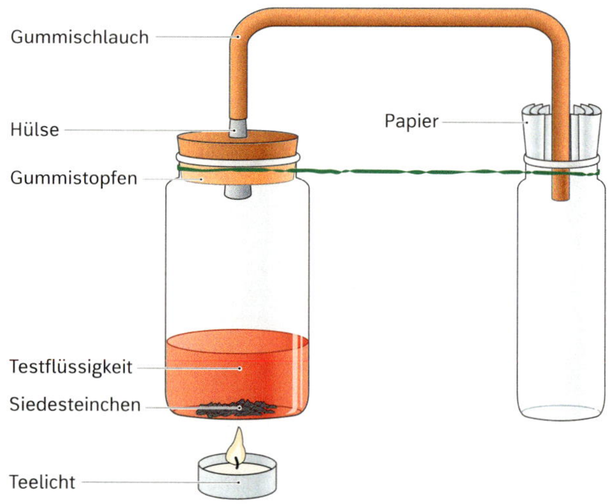

1 Beschreibe das abgebildete Verfahren zur Bestimmung des Volumens unregelmäßiger Körper. ●●○

2 Ein Ring besteht angeblich aus Gold. Das soll getestet werden. Dazu wird der Ring zunächst in einen Messzylinder mit Wasser gegeben. Er verdrängt ein Volumen von 1,5 cm^3. Dann wird der Ring gewogen. Er wiegt 29 g. Überprüfe, ob der Ring aus Gold bestehen könnte. ●●○

3 Begründe, warum sich der Stempel einer Spritze hineindrücken lässt, wenn sie mit Luft gefüllt ist. ●●○

4 Begründe, warum sich der Stempel einer Spritze nicht hineindrücken lässt, wenn sie mit Wasser gefüllt ist. ●●○

5 Ein Metallwürfel hat eine Kantenlänge von 5 cm. Er wiegt 888 g. Bestimme die Dichte des Metalls und entscheide, ob der Würfel aus Eisen oder Zink besteht. Eisen hat eine Dichte von 7,9 $\frac{g}{cm^3}$. Zink hat eine Dichte von 7,1 $\frac{g}{cm^3}$. ●●○

6 Erkläre, warum Ballons, die mit dem Gas Helium gefüllt werden, nach oben steigen. ●●●

7 In der oben abgebildeten Apparatur befindet sich im linken Rollrandglas verdünnte rote Tinte aus einer Tintenpatrone. Das Experiment befindet sich noch ganz am Anfang. Beschreibe die Beobachtungen, die du erwartest, wenn das Experiment länger läuft. ●●○

8 Beschreibe den Unterschied zwischen einer Lösung und einer Emulsion auf der Stoffebene und auf der Teilchenebene. Fertige zur Veranschaulichung eine Skizze der Teilchenebene an. ●●○

9 Löse das Rätsel, das sich hinter dem QR-Code verbirgt. ●●○

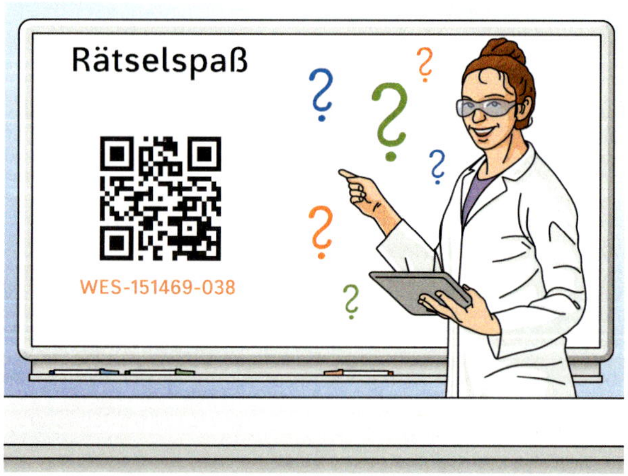

A Thermometer

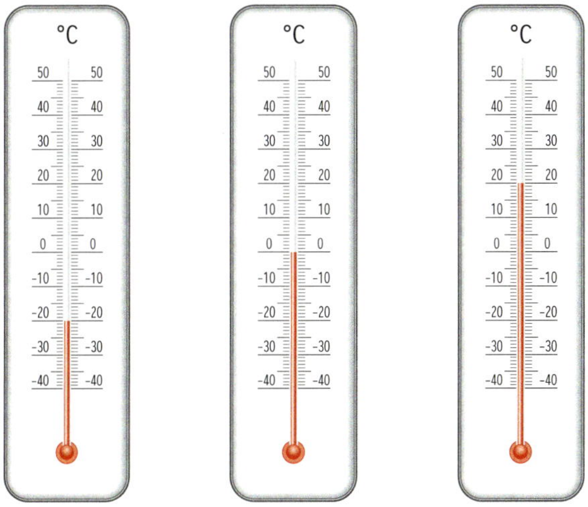

Thermometer mit Quecksilberfüllung verwendet man heute selten. Das Metall ist sehr giftig. Quecksilber ist das einzige bei Raumtemperatur flüssige Metall. Die Schmelztemperatur von Quecksilber beträgt −39 °C, die Siedetemperatur 357 °C. Die abgebildeten Thermometer sind mit rot gefärbtem Alkohol gefüllt. Der Alkohol hat eine Schmelztemperatur von −115 °C, die Siedetemperatur ist 78 °C.

B Siedekurve

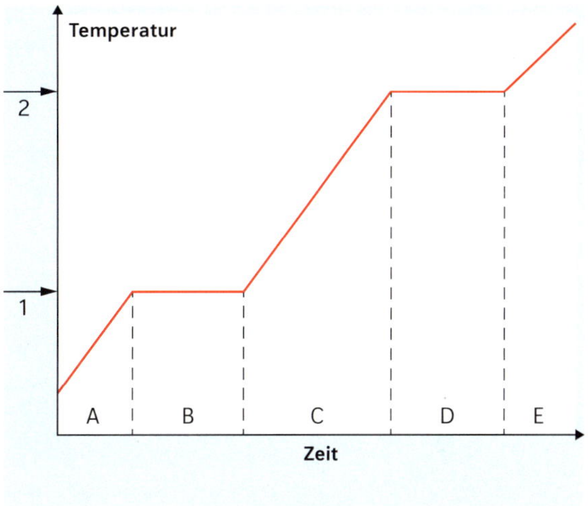

Für ein Experiment hat man sehr kaltes Eis langsam erwärmt. Das Eis wurde langsam flüssig und schließlich gasförmig. Immer nach bestimmten Zeitabständen hat man die Temperatur notiert. Mit diesen Daten wurde das oben abgebildete Diagramm erhalten.

AUFGABEN

Bearbeite die Aufgaben mit Material A

1. Lies die Temperaturen auf den Thermometern ab. ●○○
2. Beschreibe die Funktionsweise des Thermometers. Nutze dazu die Informationen aus den Texten und den Abbildungen. ●●○
3. Skizziere die rote Flüssigkeit der Thermometer bei 0 °C und bei 40° C auf der Teilchenebene und beschreibe die Unterschiede. ●●○
4. Die Temperatur von Fett sollte 180 °C nicht überschreiten. Begründe, ob die Alkoholthermometer für eine Kontrolle geeignet sind. ●●○

Bearbeite die Aufgaben mit Material B

1. Ordne den beiden Pfeilen Temperaturen zu. ●●○
2. Im Verlauf des Experimentes treten verschiedene Aggregatzustände auf. Ordne folgende Zustände dem oben abgebildeten Diagramm zu: nur Wasserdampf, nur Eis, Wasserdampf und Wasser, nur Wasser, Eis und Wasser ●●○
3. Skizziere das Bild, das man an der Stelle A unter der chemischen Lupe sehen würde. ●●○
4. Beschreibe, wie das Diagramm aussehen würde, wenn man statt Wasser den rot gefärbten Alkohol aus den Thermometern untersuchen würde. ●●○

Chemische Reaktion

Dieses Kapitel hat folgenden Inhalt:

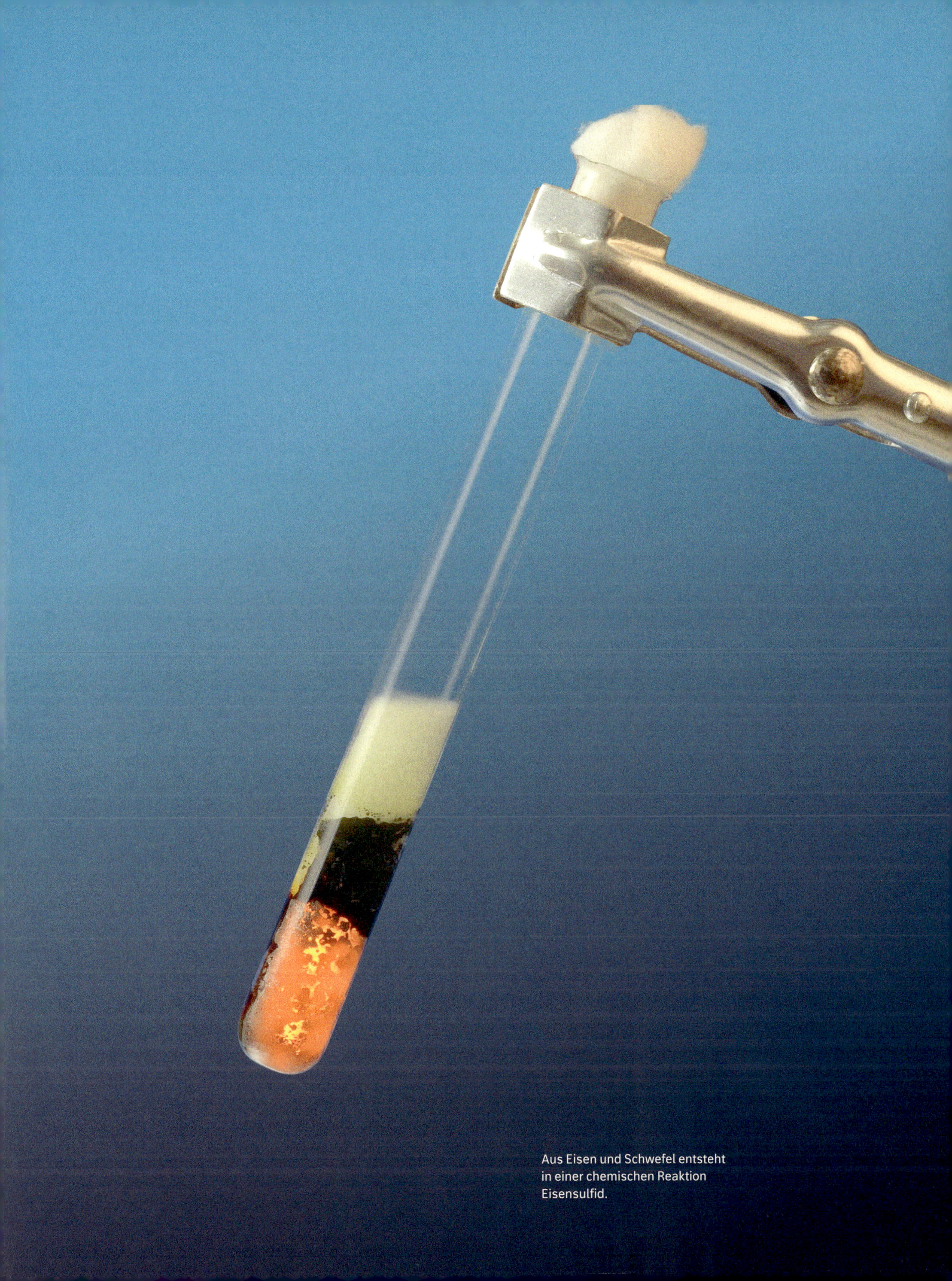

Aus Eisen und Schwefel entsteht in einer chemischen Reaktion Eisensulfid.

1 Stoffumwandlungen beim Brotbacken

1.1 Neue Stoffe entstehen

WES-151469-042

Basiskonzept
Chemische Reaktion

Bei chemischen Reaktionen wandeln sich Stoffe in andere Stoffe um.

lat. sulfur: Schwefel

Der Duft nach frisch gebackenem Brot macht Appetit. Doch bevor das Brot gebacken werden kann, ist viel zu tun. Zunächst wird aus Mehl, Wasser und Hefe ein geschmeidiger Teig geknetet. Danach muss der Teig ruhen und geht dabei auf. Anschließend wird er zu einem Laib geformt und gebacken. Das fertige Brot zeigt ganz andere Eigenschaften als der Teig. Was ist mit den Stoffen in dem Brotteig geschehen?

Stoffumwandlung – Der zubereitete Brotteig ist ein Gemisch aus vielen verschiedenen Stoffen. Während der Teig aufgeht, bilden sich im Inneren kleine Hohlräume, die das Volumen des Teigs vergrößern. Diese Hohlräume wurden durch ein unsichtbares Gas gebildet. Beim Aufgehen ist demnach ein neuer Stoff entstanden, denn das Gas war vorher nicht im Brotteig enthalten. Nach dem Backen sind weitere neue Stoffe mit anderen Eigenschaften zu erkennen. Der klebrige, zähfließende Teig ist verschwunden. Stattdessen ist ein trockenes und luftiges Brot mit einer harten, braunen Kruste und angenehmem Geruch entstanden. Beim Backvorgang haben **Stoffumwandlungen** stattgefunden. Der Brotteig hat sich während des Backens in ein Brot umgewandelt.

Chemische Reaktion – Brotbacken ist ein komplizierter Vorgang, bei dem viele verschiedene Stoffumwandlungen nebeneinander ablaufen. Einfacher sind Stoffumwandlungen zu untersuchen, an denen nur zwei Stoffe beteiligt sind. Hierzu wird das folgende Experiment durchgeführt. Gelbes Schwefelpulver und ein rötliches Kupferblech werden in ein Reagenzglas gegeben. Nach kurzem Erhitzen steigen Schwefeldämpfe auf. Sobald die Schwefeldämpfe das heiße Kupfer erreichen, glüht das Kupfer auf. Nach dem Aufglühen ist kein Kupfer und auch kein Schwefel mehr zu erkennen. Im Reagenzglas beobachtet man stattdessen einen blauschwarzen, spröden Feststoff. Aus Kupfer und Schwefel ist ein neuer Stoff mit anderen Eigenschaften entstanden. Der neue Stoff wird Kupfersulfid genannt. Solche Stoffumwandlungen nennt man **chemische Reaktionen.**

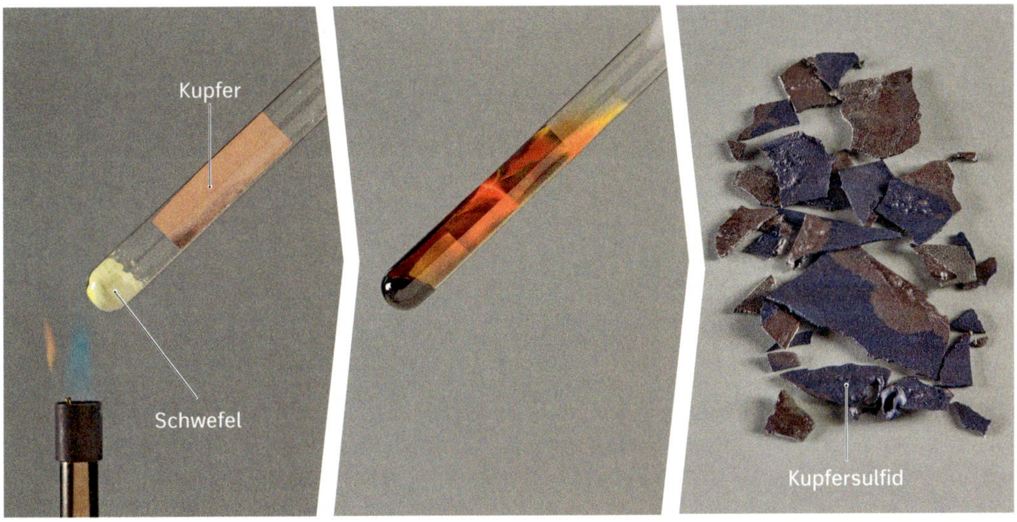

2 Kupfer und Schwefel reagieren zu Kupfersulfid.

Edukt = Ausgangsstoff

Produkt = Endstoff

Edukte und Produkte – In einer chemischen Reaktion reagieren Ausgangsstoffe miteinander. Im Beispiel in Abbildung 2 sind dies Kupfer und Schwefel. Die Ausgangsstoffe einer chemischen Reaktion nennt man **Edukte** oder Reaktionspartner. Nach einer chemischen Reaktion sind die Edukte verschwunden. Stattdessen sind neue Stoffe entstanden, die als **Produkte** bezeichnet werden. Die Edukte werden also in der chemischen Reaktion zu Produkten umgewandelt. Man sagt, die Edukte reagieren miteinander zu den Produkten. Kupfer und Schwefel reagieren zu Kupfersulfid.

Reaktionsmöglichkeiten – Ein Eisennagel rostet an feuchter Luft. Bei dieser chemischen Reaktion reagieren festes Eisen, flüssiges Wasser und gasförmiger Sauerstoff zu Rost. Feststoffe können also nicht nur mit anderen Feststoffen, sondern auch mit Flüssigkeiten oder Gasen reagieren. Edukte können daher in unterschiedlichen Aggregatzuständen vorliegen. Die Produkte müssen ebenfalls nicht unbedingt Feststoffe sein. Bei einer chemischen Reaktion können auch Flüssigkeiten oder Gase entstehen. An chemischen Reaktionen können nur ein Edukt oder mehrere Reaktionspartner beteiligt sein. Es können nur ein Produkt oder auch mehrere Produkte entstehen.

PRAKTIKUM

A Stoffumwandlung

Materialien:
Reibschale, Pistill, Waage, Spatel, Reagenzglas, Reagenzglasklammer, Luftballon, Gasbrenner; Schwefelpulver (GHS02, GHS07), Eisenpulver (GHS02)

Durchführung:
1 Wiegt 4,8 g Schwefelpulver und 8,4 g Eisenpulver ab und gebt es in die Reibschale.
2 Zerreibt die Pulver mit dem Pistill.
3 Füllt das Gemisch 2 cm hoch in das Reagenzglas und verschließt es mit dem Luftballon.
4 Erhitzt die Probe über dem Gasbrenner bis sie aufglüht. Nehmt das Reagenzglas beim ersten Aufglühen sofort aus der Flamme und beobachtet das glühende Gemisch weiter.

Aufgaben:
1 Filmt den Verlauf des Experiments und erstellt ein Protokoll. ●●○
2 Erklärt, woran man erkennt, dass eine chemische Reaktion stattgefunden hat. ●●○
3 Entwickelt ein Experiment, mit dem ihr überprüfen könnt, dass ein neuer Stoff entstanden ist. ●●○

Reaktionsschema – Die Stoffumwandlung in einer chemischen Reaktion wird übersichtlich in einem Reaktionsschema beschrieben. Man notiert die Namen der Edukte und setzt ein Pluszeichen dazwischen. Es folgen ein Reaktionspfeil und die Namen der Produkte. Mehrere Produkte werden durch ein Pluszeichen getrennt. Im Beispiel in Abbildung 2 waren Kupfer und Schwefel die Edukte und Kupfersulfid das Produkt. Das Reaktionsschema lautet:

Kupfer + Schwefel → Kupfersulfid

Man liest: *Kupfer und Schwefel reagieren zu Kupfersulfid.*

Benennung – Metalle wie Kupfer oder Eisen reagieren nicht nur mit Schwefel, sondern auch mit Sauerstoff, Chlor oder Iod. Bei solch einfachen Stoffumwandlungen setzt sich der Name des Produkts aus den Namen der Edukte zusammen. Zunächst wird der Name des Metalls genannt, dann wird der lateinische oder griechische Ursprungsname des Reaktionspartners angehängt. Aus Schwefel wird **-sulfid,** aus Sauerstoff wird **-oxid.** Bei Chlor und Iod wird ein **-id,** wie in **-iodid,** hinter den Namen geschrieben.

Eisen + Chlor → Eisenchlorid

Kupfer + Sauerstoff → Kupferoxid

Physikalische Vorgänge – Wenn man Eis erwärmt, schmilzt es zu Wasser. Wird das Wasser weiter erhitzt, verdampft es. Bei diesen Vorgängen ändern sich nur die Aggregatzustände des Wassers. Es findet aber keine Stoffumwandlung statt. Denn bei Eis handelt es sich um festes Wasser und bei Wasserdampf um gasförmiges Wasser. Ebenso verhält es sich, wenn man Wachs erhitzt und wieder abkühlt. Beim Schmelzen und beim Erstarren findet keine Stoffumwandlung vom Wachs statt. Der Wechsel eines Aggregatzustands ist also keine chemische Reaktion, sondern ein **physikalischer Vorgang.**

MATERIAL MIT AUFGABEN

A Stoffumwandlungen im Labor

Eisen und Schwefel reagieren miteinander. Einige Eigenschaften der Edukte und des Produkts sind in der Tabelle notiert.

	Eisen	Schwefel	Produkt
Farbe	grau	gelb	schwarz
Dichte	7,86 $\frac{g}{cm^3}$	2,07 $\frac{g}{cm^3}$	4,84 $\frac{g}{cm^3}$
Schmelztemperatur	1535 °C	113 °C	1195 °C

1 Stelle das Reaktionsschema auf. Tausche das Ergebnis mit deinem Lernpartner und lies das Reaktionsschema deines Lernpartners vor. ●●○

2 Erläutere, dass eine chemische Reaktion zwischen Eisen und Schwefel stattgefunden hat. ●●○

B Kerzenwachs brennt

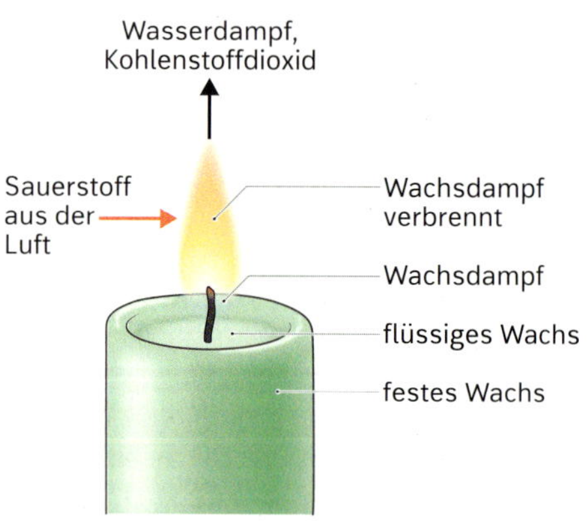

1 Nenne physikalische Vorgänge und chemische Reaktionen, die beim Abbrennen der Kerze ablaufen. ●●○

2 Notiere das Reaktionsschema für die Verbrennung. ●●○

3 Erkläre, warum die Reaktion in reinem Sauerstoff heftiger abläuft. ●●●

PRAKTIKUM

B Chemische Reaktion

Materialien:
2 Bechergläser (250 ml), Löffel, Brenner, Dreifuß, Waage; Kochsalz, Brausetablette

Forschungsauftrag:

1 Stellt Vermutungen auf, ob es sich beim Lösen von Kochsalz und beim Lösen einer Brausetablette in Wasser um chemische Reaktionen handelt. ●●○

2 Plant Versuche, mit denen die Vermutungen überprüft werden können. Bezieht die Abbildung in eure Versuchsplanung mit ein. ●●●

3 Stellt eure geplanten Versuche der Klasse vor.

4 Führt die Versuche durch und notiert eure Beobachtungen in einem Versuchsprotokoll. ●●○

5 Bewertet die von euch aufgestellten Vermutungen. ●●●

MATERIAL MIT AUFGABEN

C Reaktionsschemata aufstellen

Die Abbildung zeigt Fotos von Edukten und Produkten verschiedener chemischer Reaktionen. Außerdem sind die Namen der Stoffe angegeben.

1 Suche passende Edukte und Produkte. Stelle die Reaktionsschemata zu den chemischen Reaktionen auf. ●●○

2 Das Metall Magnesium und das Gas Chlor reagieren miteinander. Notiere das Reaktionsschema. Recherchiere ein Video zum Verlauf der chemischen Reaktion. Beschreibe den Reaktionsverlauf und die Stoffeigenschaften der Edukte und des Produkts. ●●●

1 Energie im Alltag

1.2 Energie und Energieumwandlung

WES-151469-046

Basiskonzept Energie

Energie gibt es in unterschiedlichen Formen. Auch in Stoffen ist Energie gespeichert.

Wir nutzen Energie beim Heizen, bei der Fortbewegung, bei der Kommunikation oder zur Beleuchtung von Räumen. Energie ist weder sichtbar noch kann man sie anfassen. Was ist Energie?

Energieformen – Holz und Lebensmittel enthalten Energie in chemisch gebundener Form. Man sagt kurz: Holz und Lebensmittel enthalten chemische Energie. Wasser in einem höher gelegenen Stausee auf einem Berg besitzt Lageenergie. Die Sonne sendet Strahlungsenergie in Form von Licht aus. Windräder werden durch die Bewegungsenergie des Windes angetrieben. Elektrische Energie kann man nutzen, um eine Lampe leuchten zu lassen.

Bei diesen unterschiedlichen **Energieformen** treten verschiedene Energieträger auf wie das Holz, die Lebensmittel, das Sonnenlicht oder der Wind. Energieträger haben Energie gespeichert. Diese Energie kann nutzbar gemacht werden. Energieträger können zum Beispiel energiereiche Stoffe sein.

Energieumwandlung – Im Kamin brennt Holz. Bei der Verbrennung wird chemische Energie des Holzes in Wärmeenergie und Lichtenergie umgewandelt. Wenn eine Lampe leuchtet, wird elektrische Energie in Lichtenergie und Wärmeenergie umgewandelt. Wie bei anderen Vorgängen auch, wird dabei eine Energieform in andere Energieformen umgewandelt. Bei **Energieumwandlungen** bleibt die Gesamtmenge der Energie gleich. Energie kann weder erzeugt noch verbraucht werden.

Energieentwertung – Nicht alle Energieformen sind gleich wertvoll. Elektrische Energie kann sehr leicht in andere Energieformen umgewandelt werden. Elektrische Energie ist deshalb wertvoll. Wärmeenergie lässt sich nur schlecht in andere Energieformen umwandeln. Ihr Nutzen ist dadurch begrenzt. Wird aus anderen Energieformen Wärmeenergie gebildet, spricht man daher von einer **Entwertung** der Energie. Bei jeder Energieumwandlung wird immer ein Teil der Energie in Wärmeenergie umgewandelt.

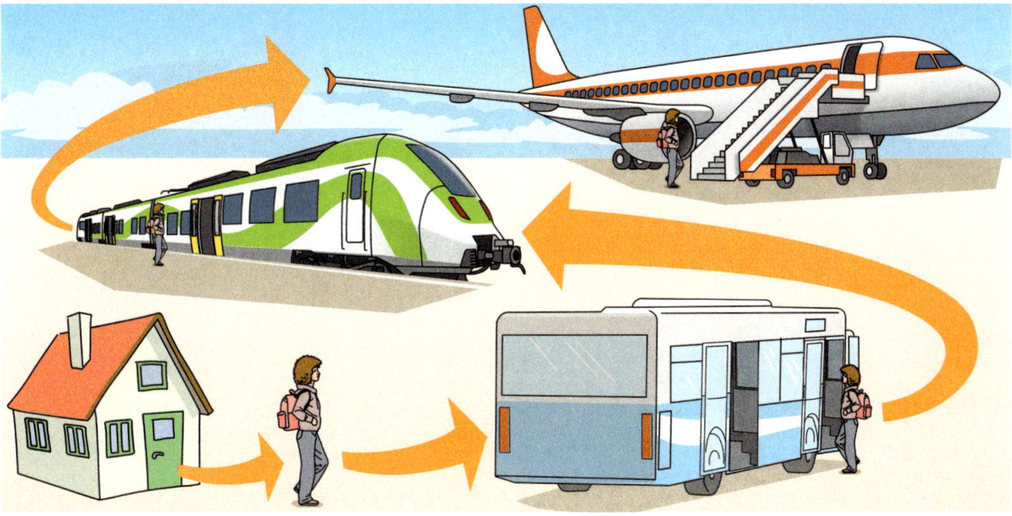

2 Energieumwandlung im Modell

Energie im Modell – LED-Lampen machen aus elektrischer Energie Lichtenergie. Geräte und Lebewesen wandeln Energie in andere Energieformen um. Geräte und Lebewesen sind **Energiewandler.** Bei Energieumwandlungen ändert sich der Träger der Energie, nicht aber die Energie an sich. Die Energiemenge bleibt die gleiche. Sie kann beim Wechsel von einem auf einen anderen Energieträger weder mehr noch weniger werden.

In einem Modell kann man sich vorstellen, dass ein Mensch eine Reise macht. Die Person beginnt als Busreisende, wechselt in die Bahn und wird zur Bahnreisenden. Zuletzt steigt sie in das Flugzeug und wird Flugreisende. Die reisende Person bleibt die ganze Zeit dieselbe. Sie wechselt nur die Fortbewegungsmittel. Bei der Energie ist es genauso. Die Energie bleibt immer dieselbe. Sie wechselt lediglich den Energieträger und dadurch die Energieform, in der sie auftritt.

MATERIAL MIT AUFGABEN

A Energieumwandlungen

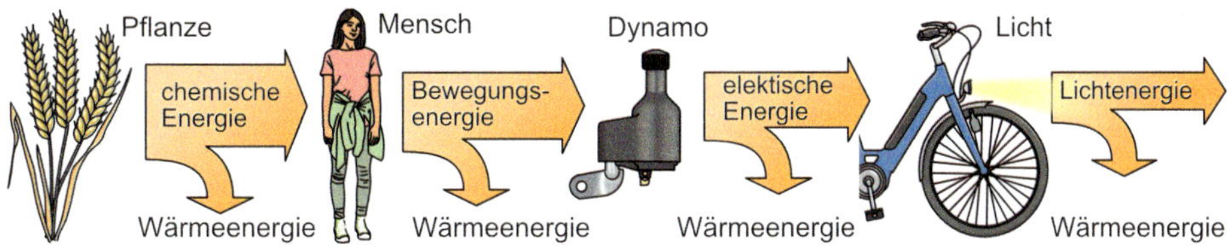

1 Beschreibe die oben in der Abbildung dargestellte Energieumwandlungskette. ●●○

2 Erkläre, die Bedeutung der Pfeile in der Abbildung. ●●○

3 Entwickle ein weiteres Beispiel für eine Energieumwandlungskette nach dem Muster der Abbildung. ●●○

Aussagen aus Zeitschriften:

a) „Der Energieverbrauch in deutschen Haushalten ist zu hoch."

b) „Zur Energieerzeugung werden heute vermehrt nachwachsende Rohstoffe genutzt."

4 Bewerte die fachlichen Richtigkeit dieser Aussagen. ●●●

1 Energieumwandlung bei einem brennenden Holzfeuer

1.3 Energie bei chemischen Reaktionen

WES-151469-048

Am Lagerfeuer herrscht eine ganz besondere Atmosphäre. Das gestapelte Holz brennt. Es zeigen sich Flammen und Glut. Rauch steigt auf. Man kann die Wärme an den Händen und im Gesicht fühlen. Bei dieser chemischen Reaktion wird Energie in Form von Wärme und Licht frei. Welche Rolle spielt die Energie bei chemischen Reaktionen?

Basiskonzept Energie

Bei chemischen Reaktionen wird Energie abgegeben oder aufgenommen.

Chemische Energie – Beim brennenden Lagerfeuer reagiert das Holz mit dem Sauerstoff aus der Luft. Es bilden sich Verbrennungsgase. Am Ende bleiben verkohlte Holzreste übrig. Das Licht und die Wärme, die beim Abbrennen des Lagerfeuers frei werden, stammen aus den Stoffen selbst. Im Holz und im Sauerstoff ist Energie gespeichert. Man nennt die Energie, die in den Stoffen steckt, **chemische Energie.**

Ein großes Lagerfeuer liefert mehr Wärme als ein brennendes Streichholz. Die Menge an Energie, die in Form von Wärme und Licht frei wird, hängt also von der Menge der eingesetzten Edukte ab.

Energieumwandlung – Wenn das Holz und der Sauerstoff aus der Luft miteinander reagieren, wird Energie in Form von Licht und Wärme frei. Daher haben die entstehenden Verbrennungsgase und die verkohlten Holzreste weniger chemische Energie als das Holz und der Sauerstoff. Ein Teil der chemischen Energie der Edukte wurde in Licht und Wärme umgewandelt.
Chemische Reaktionen erkennt man an zwei Merkmalen. Das erste Merkmal ist die Stoffumwandlung. Das zweite Merkmal ist die Änderung der chemischen Energie der Stoffe, der **Energieumsatz.**

Energieerhaltung – Beim Abbrennen von Holz nimmt die chemische Energie der Stoffe ab. Dieser Energiebetrag wird komplett in Lichtenergie und Wärme umgewandelt. Bei der chemischen Reaktion wird also keine Energie vernichtet oder aus dem Nichts erzeugt. Bei allen chemischen Reaktionen bleibt die Energie erhalten. Sie wird nur von einer Energieform in eine andere Energieform umgewandelt.

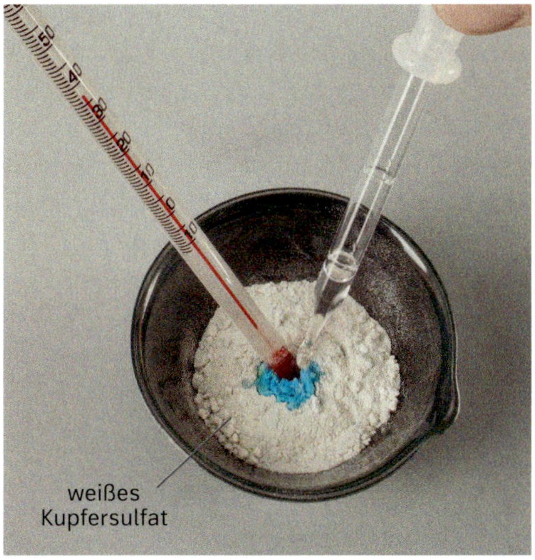

2 Exotherme Reaktion

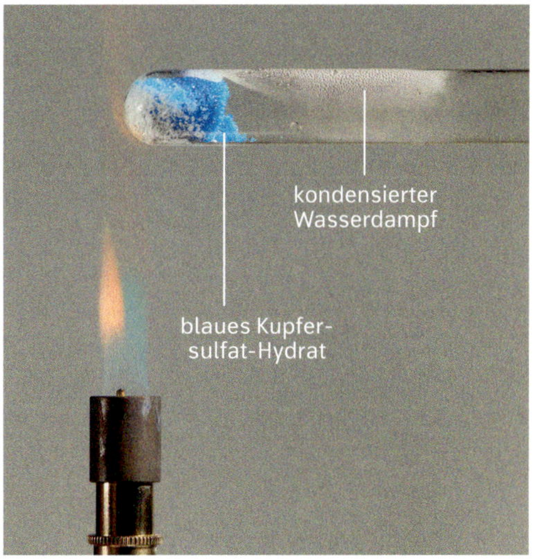

3 Endotherme Reaktion

Exotherme Reaktion – Kupfersulfat ist ein weißer, salzartiger Stoff. Gibt man wenige Tropfen Wasser auf das weiße Kupfersulfat, entsteht blaues Kupfersulfat-Hydrat. Gleichzeitig steigt die Temperatur. Bei der chemischen Reaktion wird ein Teil der chemischen Energie von Kupfersulfat und Wasser in Wärme umgewandelt. Chemische Reaktionen, bei denen Energie freigesetzt wird, werden als **exotherme Reaktionen** bezeichnet.

Kupfersulfat + Wasser →
Kupfersulfat-Hydrat; **exotherm**

Endotherme Reaktion – Wird blaues Kupfersulfat-Hydrat erhitzt, entstehen wieder weißes Kupfersulfat und Wasser, denn die Reaktion ist umkehrbar. Dazu muss das blaue Kupfersulfat-Hydrat während der gesamten Reaktionszeit erhitzt werden. Die zugeführte Wärme wird als chemische Energie in den Produkten gespeichert. Chemische Reaktionen, bei denen Energie aufgenommen wird, werden als **endotherme** Reaktionen bezeichnet.

Kupfersulfat-Hydrat →
Kupfersulfat + Wasser; **endotherm**

Bei chemischen Reaktionen wird Energie aufgenommen oder abgegeben. Man gibt den **Energieumsatz** durch die Begriffe exotherm oder endotherm im Reaktionsschema mit an.

MATERIAL MIT AUFGABEN

A Energieumwandlung

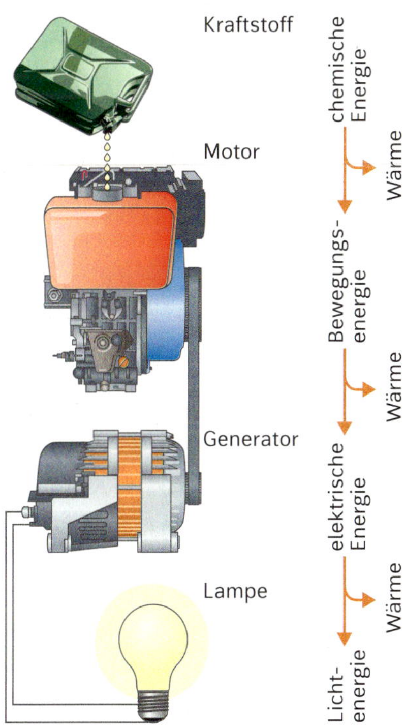

1 Beschreibe die Energieumwandlungskette. ●○○

2 Skizziere die Energieumwandlung bei der umkehrbaren Reaktion von Kupfersulfat und Wasser. ●●○

gr. hydor: Wasser

gr. exo: außen
gr. endo: innen
gr. thermos: warm

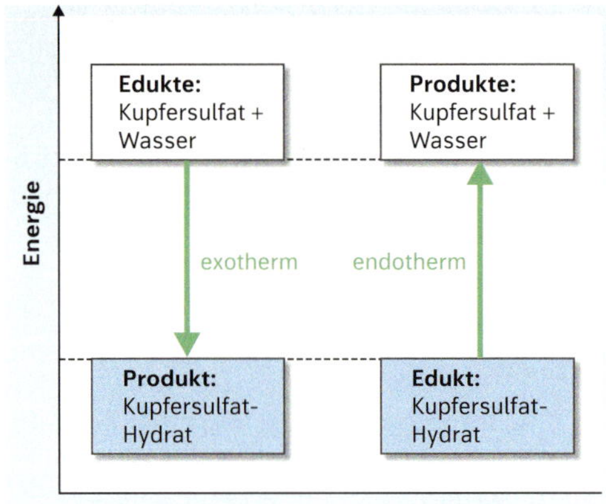

4 Änderung der chemischen Energie

Energieschema Bei der Reaktion von Kupfersulfat mit Wasser wird Energie frei. Daher besitzt Kupfersulfat-Hydrat eine geringere chemische Energie als die Edukte Wasser und Kupfersulfat. Den Unterschied in der chemischen Energie von Edukten und Produkten kann man in einem **Energieschema** veranschaulichen. Dazu wird die chemische Energie der Stoffe auf der y-Achse eingetragen. Kupfersulfat und Wasser mit viel chemischer Energie werden oben angeordnet, Kupfersulfat-Hydrat mit wenig chemischer Energie weiter unten. Bei der exothermen Reaktion wird Energie frei. Dies wird im Energieschema durch einen nach unten gerichteten Pfeil verdeutlicht. Bei der endothermen Reaktion wird gleich viel Energie aufgenommen. Der Pfeil ist gleich lang und nach oben gerichtet. Je größer der Abstand von Edukten und Produkten im Energieschema ist, desto mehr Energie wird bei der Reaktion abgegeben oder aufgenommen.

MATERIAL MIT AUFGABEN

B Umkehrbare Reaktion

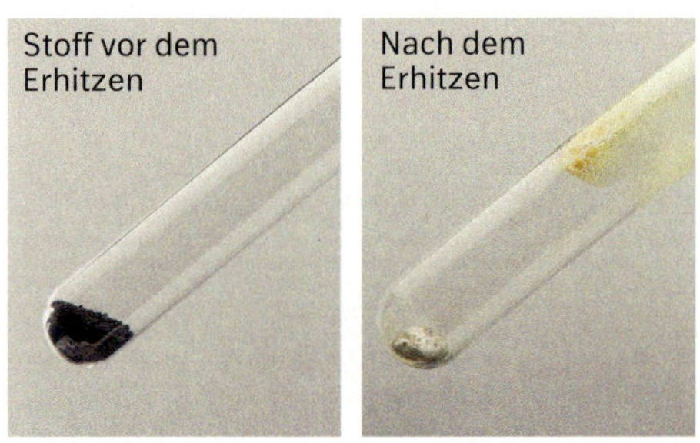

Im Video ist die Reaktion von Schwefel mit Silber zu sehen. Im abgebildeten Versuch wurde das Reaktionsprodukt stark erhitzt. Dabei wurde es wieder in die Elemente gespalten.

1 Erkläre an beiden Experimenten die Merkmale einer chemischen Reaktion. ●●○
2 Stelle jeweils das Reaktionsschema mit Energieumsatz auf. ●○○
3 Zeichne für beide Experimente ein Energieschema. Ordne die Begriffe Produkte, Edukte, exotherm und endotherm zu. ●●○

C Energieschema

Die Reaktion von Zink mit Schwefel verläuft sehr heftig. Bei dieser Reaktion wird in kurzer Zeit viel Energie freigesetzt, sodass sogar Teile der Edukte und des Produkts in die Luft geschleudert werden.

1 Stelle das Reaktionsschema mit Energieumsatz auf. ●○○
2 Zeichne ein Energieschema zu dieser Reaktion. ●●○
3 Die Reaktion von Kupfer und Schwefel verläuft weniger heftig. Zeichne ein vergleichendes Energieschema, in dem der Unterschied zwischen beiden Reaktionen deutlich wird. ●●●

PRAKTIKUM

A Energieumsatz

Materialien:
Bechergläser, Glasstab, Thermometer; Brausepulver, wasserfreies Calciumchlorid (GHS07)

Durchführung:
1 Gebt in ein Becherglas 40 ml Wasser und messt die Temperatur.
2 Gebt 10 g Calciumchlorid hinzu und rührt vorsichtig um.
3 Lest die Temperatur alle 10 s ab, bis keine Veränderung mehr auftritt.
4 Notiert eure Beobachtungen.
5 Wiederholt den Versuch mit einer Tüte Brausepulver statt Calciumchlorid.

Aufgaben:
1 Vergleicht die Versuche, verwendet die Begriffe exotherm und endotherm ●●○
2 Skizziert zu beiden Reaktionen ein Energieschema und vergleicht. ●●○
3 Versuch 1: Kupfersulfat wird in Wasser gegeben. Versuch 2: Brausepulver wird in Wasser gegeben. Erläutert, ob die Reaktionen umkehrbar sind. ●●●

ÜBERSICHT

Die chemische Reaktion im Überblick

1. Merkmal: Stoffumwandlung
Bei einer chemischen Reaktion entstehen aus einem oder mehreren Ausgangsstoffen, den Edukten, ein oder mehrere neue Stoffe mit anderen Eigenschaften, die Produkte.

Eisen Schwefel Eisensulfid

2. Merkmal: Energieumsatz
Bei allen chemischen Reaktionen wird entweder Energie in Form von Wärme oder Licht freigesetzt oder aufgenommen.

Während einer **exothermen Reaktion** wird Energie als Wärme oder Licht frei. Während einer e**ndothermen Reaktion** wird Energie in Form von Wärme oder Licht aufgenommen.

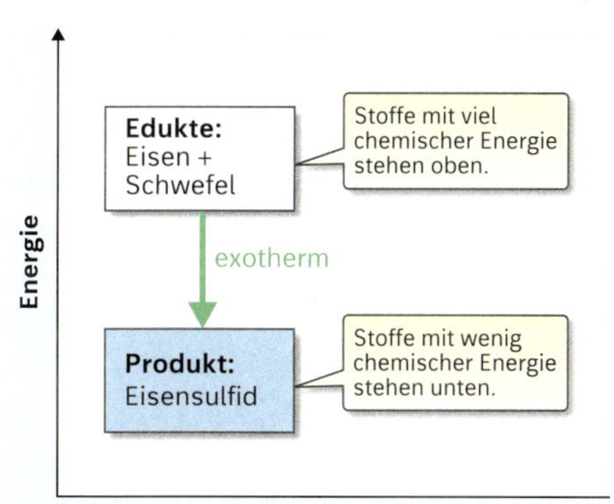

Das **Reaktionsschema** gibt die Stoffumwandlung und den Energieumsatz in einer übersichtlichen Form wieder.
Eisen + Schwefel →
Eisensulfid; exotherm

1 Ein Streichholz wird angezündet.

1.4 Reaktionen werden gestartet

WES-151469-052

Streichhölzer fangen nicht von alleine an zu brennen. Man muss sie erst entzünden, indem man das Streichholz über die raue Seite der Streichholzschachtel reibt. Warum entzündet sich das Streichholz nicht von selbst?

Aktivierungsenergie – Beim Anzünden eines Streichholzes wird das Streichholzköpfchen entzündet, wenn man es über die raue Fläche der Streichholzschachtel reibt. Dabei reagiert der rote Phosphor in der Reibefläche mit Sauerstoff. Bei dieser Reaktion wird viel Wärme frei. Dadurch entzündet sich das Streichholz. Die Reaktion wird also durch das Reiben des Streichholzes gestartet.

Durch die Reibung wird dem Phosphor Energie in Form von Wärme zugeführt. Erst durch diese zugeführte Energie erreicht der Phosphor den **reaktionsbereiten Zustand.** Die dafür benötigte Energie wird als **Aktivierungsenergie** bezeichnet. Die Aktivierungsenergie ist die Energie, die Stoffen zugeführt werden muss, um sie in den reaktionsbereiten Zustand zu überführen.

Exotherme Reaktion – Die Energie der Stoffe während einer chemischen Reaktion stellt man in einem **Energiediagramm** dar. Auf der y-Achse wird die Energie notiert, auf der x-Achse der Reaktionsweg. Die Verbrennung von Phosphor verläuft exotherm. Bei einer exothermen Reaktion ist die Energie der Edukte größer als die Energie der Produkte. Die Energie der Edukte wird daher im Diagramm weiter oben eingezeichnet, die Energie der Produkte weiter unten. Zum Starten der Reaktion wird den Stoffen die Aktivierungsenergie zugeführt. Daher steigt die Energie der Stoffe zunächst an, bis der reaktionsbereite Zustand erreicht ist. Nun läuft die exotherme Reaktion ab. Energie wird in Form von Licht und Wärme frei. Die Energie der Stoffe nimmt ab, die Kurve fällt. Der Unterschied zwischen der Energie der Produkte und der Energie die Edukte wird als **Reaktionsenergie** bezeichnet. Das ist die Energie, die bei der Reaktion frei wird. Freiwerdende Energie wird im Diagramm durch einen Pfeil nach unten dargestellt. Wird Energie aufgenommen, zeigt der Pfeil nach oben.

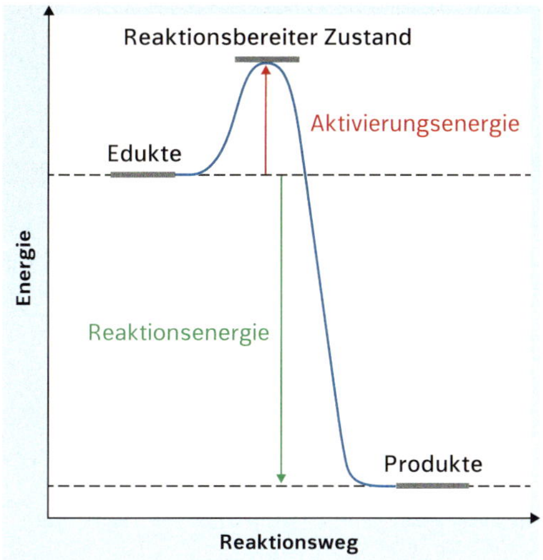

2 Energiediagramm einer exothermen Reaktion

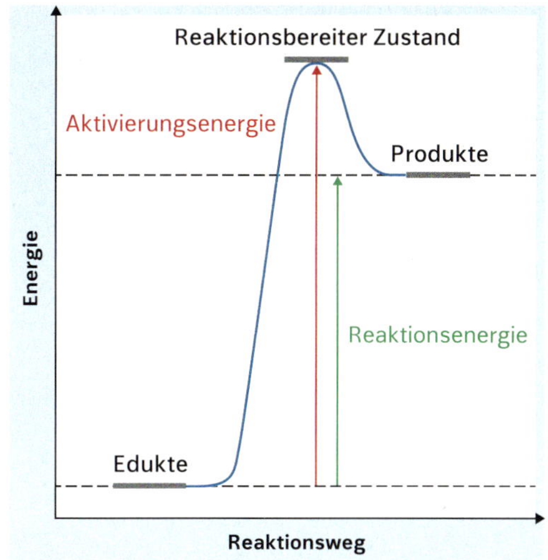

3 Energiediagramm einer endothermen Reaktion

Endotherme Reaktion – Bei der Reaktion von blauem Kupfersulfat-Hydrat zu weißem Kupfersulfat muss dauerhaft Energie zugeführt werden. Diese Energie wird von den Stoffen aufgenommen und in den Stoffen gespeichert. Es handelt sich um eine endotherme Reaktion. Bei endothermen Reaktionen ist die Energie der Edukte geringer als die Energie der Produkte. Die Energie der Edukte wird daher im Diagramm weiter unten eingezeichnet, die Energie der Produkte weiter oben. Bei endothermen Reaktionen muss den Stoffen sehr viel Energie zugeführt werden, um sie in den reaktionsbereiten Zustand zu überführen. Daher steigt die Kurve steil an. Der Unterschied zwischen der Energie der Produkte und der Energie die Edukte ist die Reaktionsenergie. Bei der endothermen Reaktion wird die Reaktionsenergie von den Stoffen aufgenommen. Wird Energie aufgenommen zeigt der Pfeil im Diagramm nach oben. Der Kurvenverlauf einer endothermen Reaktion entspricht dem umgekehrten Kurvenverlauf einer exothermen Reaktion.

MATERIAL MIT AUFGABEN

A Modell zur Aktivierungsenergie

1 Vergleiche das Energiediagramm der exothermen Reaktion mit dem Modell für die Aktivierungsenergie. Ordne den einzelnen Elementen des Modells die entsprechenden Fachbegriffen zu. ●○○

2 Stelle die Aktivierungsenergie einer endothermen Reaktion mithilfe des Modells dar. ●●○

3 Ein Streichholz entzündet sich auch ohne Reibung, wenn man es auf über 80 °C erwärmt. Erkläre diese Beobachtung. Gehe dabei auf die Aktivierungsenergie ein. ●●●

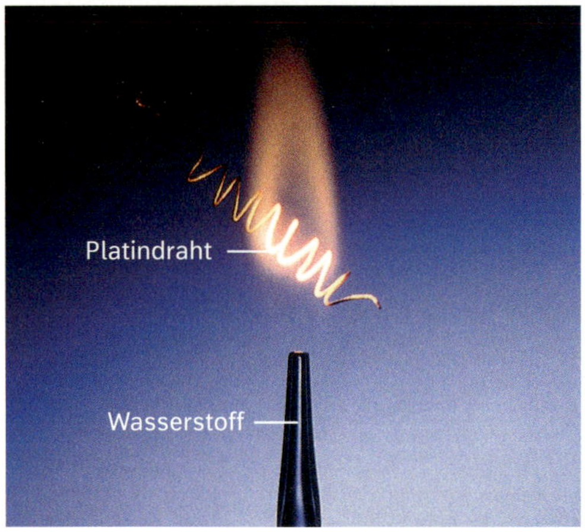

4 Wasserstoff verbrennt an einem Platindraht.

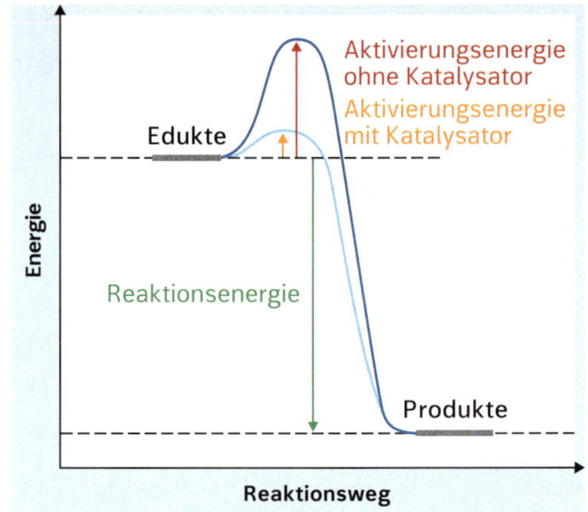

5 Energiediagramm einer Reaktion mit Katalysator

Knallgasreaktion – Die Gase Wasserstoff und Sauerstoff reagieren miteinander zu Wasser. Die Reaktion ist stark exotherm und verläuft oft explosionsartig. Sie wird daher **Knallgasreaktion** genannt. Allerdings benötigt auch diese Reaktion eine Aktivierungsenergie. Man muss das Gasgemisch durch einen Funken entzünden.

Wasserstoff + Sauerstoff
→ Wasser; exotherm

Katalysator – Lässt man Wasserstoff und Sauerstoff über einen Platindraht strömen, entzündet sich das Gasgemisch sofort, ohne dass ein Zündfunken nötig ist. Durch den Platindraht verläuft die Reaktion über einen anderen Reaktionsweg. Dabei muss weniger Aktivierungsenergie zugeführt werden, um die Stoffe in den reaktionsbereiten Zustand zu überführen. Die Aktivierungsenergie wird also durch den Platindraht herabgesetzt. Der Platindraht selbst ist an der Reaktion beteiligt. Er geht aber unverändert aus der Reaktion wieder hervor. Stoffe, die bei einer Reaktion die Aktivierungsenergie verringern, selbst aber unverändert aus der Reaktion hervorgehen, nennt man **Katalysatoren.**

Im Energiediagramm liegt der reaktionsbereite Zustand für eine Reaktion mit Katalysator niedriger als für die gleiche Reaktion ohne Katalysator. Die Reaktionsenergie bleibt hingegen unverändert, da der Katalysator hierauf keinen Einfluss ausübt.

MATERIAL MIT AUFGABEN

B Katalysatoren

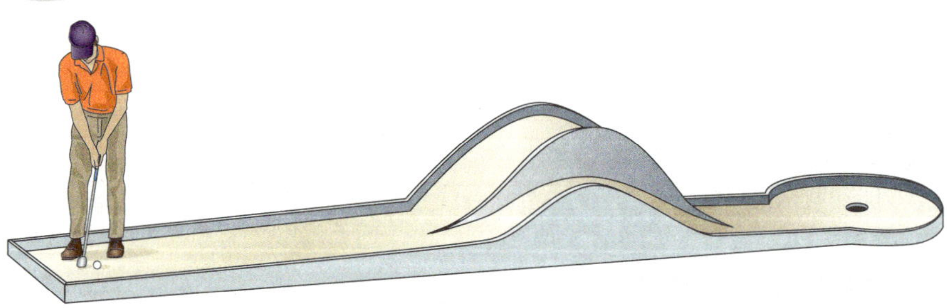

1 Das Bild des Minigolfers soll als Modell für die Wirkung eines Katalysators dienen. Erläutere das Modell und vergleiche es mit Abbildung 5. ●●○

PRAKTIKUM

A Katalysatoren

Materialien:
3 Rollrandgläser, Pipette, Messer, Holzspan; Wasserstoffperoxidlösung ($w = 5\,\%$, GHS07), Mangandioxidtablette (GHS07, GHS08), Kartoffel

Durchführung:
1 Füllt in die drei Rollrandgläser je 5 ml Wasserstoffperoxidlösung.
2 Gebt in das erste Rollrandglas eine Mangandioxidtablette. Legt den Deckel locker auf das Rollrandglas.
3 Gebt in das zweite Rollrandglas kleine geschnittene Kartoffelwürfel.
4 Prüft die Gase in den drei Rollrandgläsern mit einem glimmenden Span.

Aufgaben:
1 Beschreibt die Funktion von Mangandioxid und von der Kartoffel bei der Reaktion. ●●○
2 Das dritte Rollrandglas ist zur Kontrolle. Erklärt die Funktion der Lösung im dritten Rollrandglas für den Versuch. ●●○

B Metalle als Katalysatoren

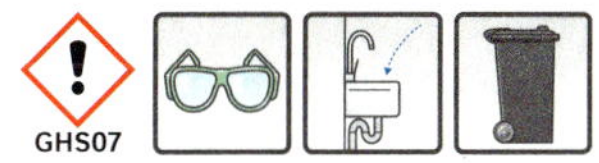

Materialien:
Uhrglas, Pipette, Pinzette; Wasserstoffperoxidlösung ($w = 5\,\%$, GHS07), Platindraht, Kupferdraht

Durchführung:
1 Gebt auf ein Uhrglas wenige Tropfen der Wasserstoffperoxidlösung.
2 Legt ein Stück Platindraht und ein Stück Kupferdraht in die Lösung. Die Drähte dürfen sich nicht berühren.
3 Macht Fotos der beiden Drähte.

Aufgaben:
1 Nennt eure Beobachtungen. ●●○
2 Beschreibt die Funktion der Metalle bei der Reaktion. ●●○
3 Schreibt ein Protokoll. ●●○
4 Untersucht, ob noch weitere Metalle einen Einfluss auf die Reaktion haben. ●●○
5 Wasserstoffperoxid wird erhitzt. Stellt eine Hypothese über die zu erwartenden Beobachtungen auf. ●●●

MATERIAL MIT AUFGABEN

C Enzyme

Im menschlichen Körper gibt es über 2700 Enzyme. Das Enzym Katalase kommt nicht nur in Kartoffeln vor, sondern auch in der Leber des Menschen. Katalase wird manchmal auch als Entgiftungsenzym bezeichnet, da es den Organismus vor gefährlichem Wasserstoffperoxid schützt, indem es diesen Stoff zersetzt.

1 Lies den Infotext zu Enzymen. Enzyme werden als Biokatalysatoren bezeichnet. Erkläre diesen Begriff. ●○○
2 Gibt man Katalase zu einer Lösung von Wasserstoffperoxid, beobachtet man eine Gasentwicklung. Gibt man Wasserstoffperoxidlösung dazu, wenn die Reaktion zum Erliegen gekommen ist, beginnt die Gasentwicklung erneut. Erkläre diese Beobachtung. ●●○

1 Industrieanlage zur Ammoniakproduktion

1.5 Enzyme in Natur und Technik

WES-151469-056

Viele Reaktionen wären ohne Katalysatoren sehr langsam oder würden gar nicht ablaufen. In unserem Körper laufen chemische Reaktionen ab. In der chemischen Industrie werden Stoffe hergestellt. Viele dieser Reaktionen müssen möglichst schnell ablaufen. Spielen auch da Katalysatoren eine Rolle?

Ammoniak – Zu Beginn des 20. Jahrhunderts war die Weltbevölkerung stark gewachsen. Die Landwirtschaft musste immer mehr Menschen ernähren. Um die Erträge zu steigern, war Dünger notwendig. Als Dünger sind vor allem Stickstoffverbindungen wichtig. Davon gab es aber nur begrenzte Mengen. Luft besteht zu etwa 80 % aus Stickstoff. Als Gas können die Pflanzen den Stickstoff aber nicht aufnehmen. Er musste zunächst in Stickstoffverbindungen überführt werden. Das war aber schwierig. Im Jahr 1913 gelang es erstmals in einer Industrieanlage größere Mengen Ammoniak zu produzieren. Ammoniak ist eine Verbindung aus Stickstoff und Wasserstoff. Aus Ammoniak konnte man Dünger herstellen.

Haber-Bosch-Verfahren – Stickstoff reagiert mit Wasserstoff nur sehr schlecht. Der Chemiker Fritz Haber hatte nach langer Forschungsarbeit einen **Katalysator** entwickelt, der die Reaktion zwischen Stickstoff und Wasserstoff möglich machte. Der Ingenieur Carl Bosch entwickelte die Industrieanlage. Das nach den Forschern benannte **Haber-Bosch-Verfahren** zur Ammoniakproduktion ist auch heute noch eines der bedeutendsten Produktionsverfahren weltweit.

Katalysatoren – Katalysatoren spielen bei chemischen Reaktionen in der Industrie eine bedeutende Rolle. Beispielsweise laufen Reaktionen mit Katalysatoren deutlich schneller ab als ohne Katalysatoren. Außerdem wird für die Reaktionen weniger Energie benötigt. So sinken die Produktionskosten. Mit besseren Katalysatoren werden Produktionsprozesse effizienter. Deshalb wird viel Forschung betrieben, um neue Katalysatoren zu entwickeln. Sehr häufig erhalten Forschende für die Entwicklung neuer Katalysatoren den Nobelpreis.

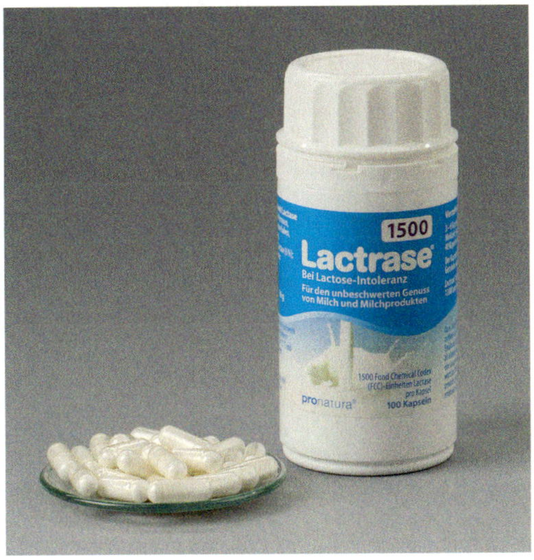

2 Lactase-Präparat

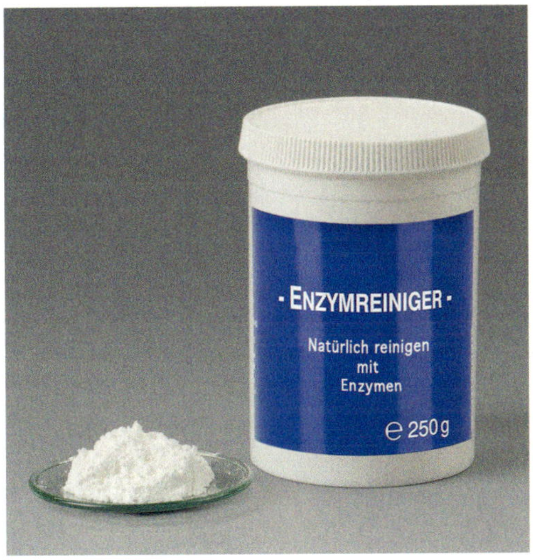

3 Reiniger mit Enzymen

Biokatalysatoren – Mit unserer Nahrung nehmen wir energiereiche Stoffe auf. Milch enthält Milchzucker. Um die Energie des Milchzuckers für den Körper nutzbar zu machen, müssen die Milchzucker-Moleküle schrittweise in kleinere Moleküle zerlegt werden. Im Dünndarm befindet sich ein Eiweiß, die Lactase. Lactase-Moleküle bewirken als Katalysatoren die Zerlegung der Milchzucker-Moleküle. Manchen Menschen fehlt Lactase. Sie können Lactase als Präparat einnehmen, wenn sie Milch trinken möchten. Katalysatoren, die wie Lactase in Lebewesen wirken, nennt man **Biokatalysatoren.**

Enzyme – Biokatalysatoren sind wie das Lactase-Molekül Eiweiß-Moleküle. Diese Eiweiß-Moleküle nennt man **Enzyme.** Am Abbau der Lactose-Moleküle zu immer kleineren Bausteinen sind zahlreiche weitere Enzyme beteiligt. Im Stoffwechsel der Lebewesen laufen sehr viele Reaktionen ab. Nahezu für jede dieser Reaktionen gibt es ein ganz bestimmtes Enzym. Das Enzym Amylase spaltet beispielsweise nur Stärke. Lipasen spalten nur Fette. Proteasen spalten Eiweiße. Diese Enzyme kann man von Bakterien in Industrieanlagen produzieren lassen. Man nutzt sie beispielsweise in Waschmitteln, um Verschmutzungen bei niedrigen Temperaturen umweltschonend zu entfernen.

PRAKTIKUM

A Enzyme aus Kiwis

Materialien:
Reibschale mit Pistill, Petrischalen; Kiwi, Gummibärchen, Wasser

Information:
Gummibärchen enthalten Gelatine. Das ist ein Eiweiß.

Durchführung:
1 Zerreibt etwas Fruchtfleisch einer Kiwi in einer Reibschale. Gebt Wasser dazu, bis ihr den Kiwisaft gießen könnt.
2 Gebt in zwei Petrischalen je zwei Gummibärchen.
3 Füllt in die eine Petrischale Kiwisaft und in die andere Wasser, bis die Gummibärchen bedeckt sind.

Aufgaben:
1 Notiert eure Beobachtungen nach 15 und nach 30 Minuten. ●●○
2 Fertigt ein Protokoll des Experiments an. ●●○

Alles auf einen Blick

MERKE!

CHEMISCHE REAKTION

1. Merkmal

STOFFUMWANDLUNG: Edukte werden in Produkte umgewandelt. Die Produkte haben andere Eigenschaften.

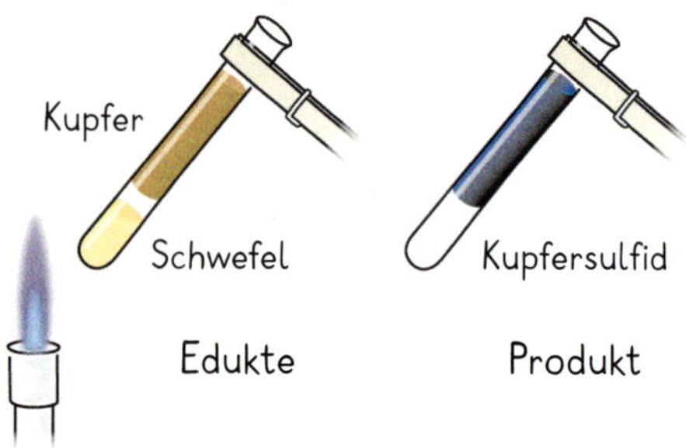

BENENNUNG DER PRODUKTE:
Name des Metalls: Kupfer, Eisen ...
\+
lateinischer Name des Reaktionspartners mit Endung id:

Schwefel ⟹ Sulfid
Sauerstoff ⟹ Oxid

REAKTIONSSCHEMA:

Kupfer + Schwefel ⟶ Kupfersulfid

↓

2. Merkmal

ENERGIEUMSATZ: Bei chemischen Reaktionen nehmen Stoffe Energie auf oder geben Energie ab.

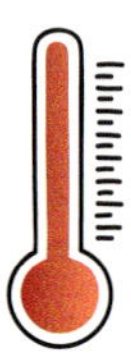

EXOTHERM:
Ein Teil der chemischen Energie der Edukte wird als Wärme abgegeben.

ENDOTHERME:
Aus der Umgebung wird Energie aufgenommen und in den Produkten gespeichert.

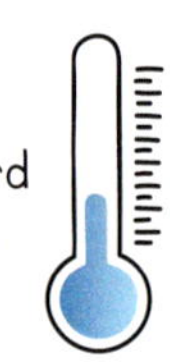

Energieschema:
Stoffe mit viel Energie stehen oben, Stoffe mit wenig Energie unten.

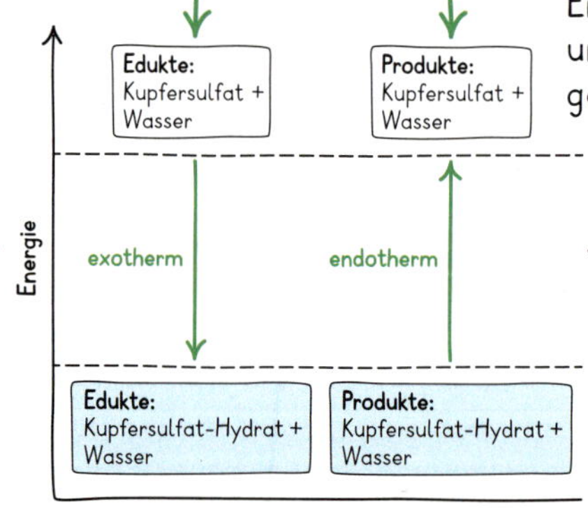

Endotherme Reaktion:
Pfeil nach oben
Exotherme Reaktion:
Pfeil nach unten

PHYSIKALISCHER VORGANG:
Wird von einem Stoff nur Energie aufgenommen oder abgegeben, ohne dass neue Stoffe entstehen, ist dies keine chemische Reaktion.

MERKE!

ENERGIE

ENERGIEUMWANDLUNG: Energie kann in verschiedene Energieformen umgewandelt werden. Dabei wird stets ein Teil in Wärme umgewandelt.

Chemische Reaktion

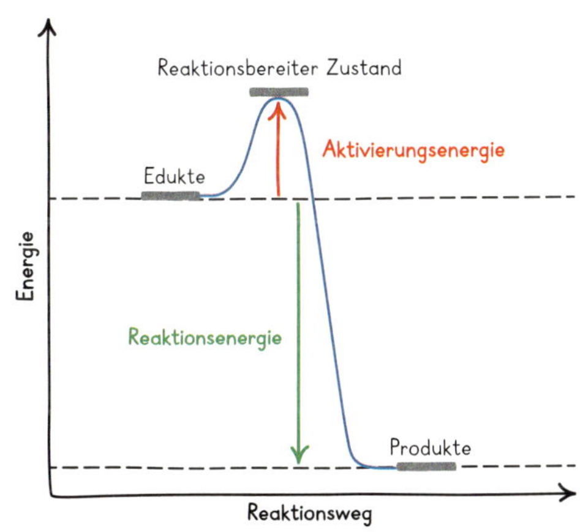

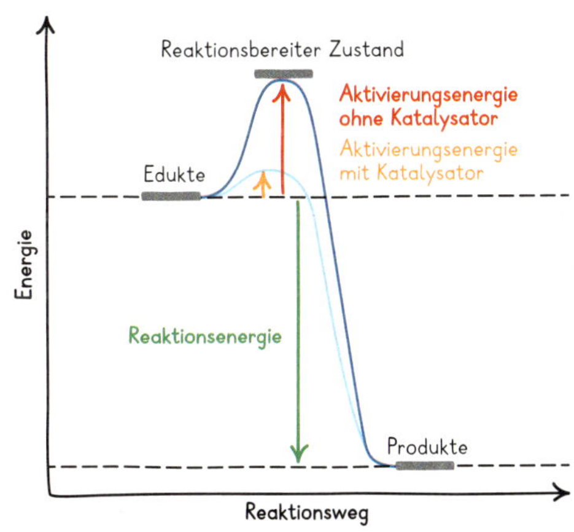

AKTIVIERUNGSENERGIE:
Energie, die benötigt wird, um die Edukte in einen reaktionsbereiten Zustand zu bringen.

REAKTIONSENERGIE:
Energieunterschied zwischen der Energie der Produkte und der Energie der Edukte.

Aufgenommene Energie: ↑

Abgegebene Energie: ↓

KATALYSATOR:
Senkt die Aktivierungsenergie. Katalysatoren nehmen an der Reaktion teil, gehen aber unverändert aus der Reaktion hervor.

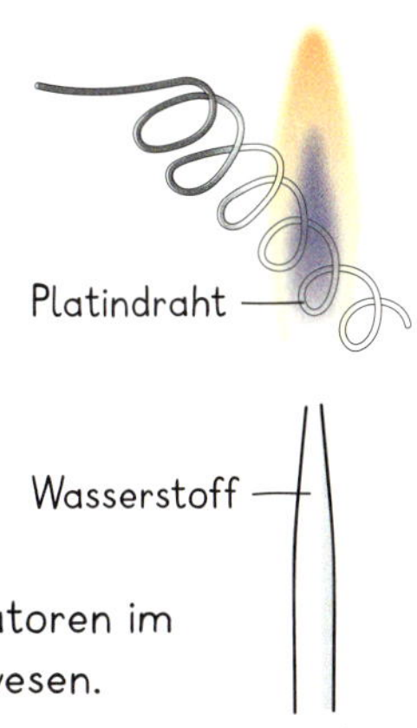

ENZYME sind Katalysatoren im Stoffwechsel von Lebewesen.

Teste dich

1 Brotbacken ist eine chemische Reaktion, das Schmelzen von Eis nicht. Erkläre, wie sich chemische Reaktionen von physikalischen Vorgängen unterscheiden. ●○○

2 Nenne je drei Beispiele für physikalische Vorgänge und chemische Reaktionen. ●○○

3 Erläutere die Merkmale einer chemischen Reaktion an einem selbst gewählten Beispiel. ●●○

4 Formuliere jeweils ein Reaktionsschema:
- Eisen reagiert mit Iod.
- Blei reagiert mit Sauerstoff.
- Silbersulfid wird zerlegt. ●●○

5 Beschreibe den Unterschied zwischen einer exothermen und einer endothermen Reaktion. ●●○

6 Skizziere ein Energiediagramm für eine exotherme Reaktion. Kennzeichne Aktivierungsenergie und Reaktionsenergie. ●●○

7 Erläutere die Bedeutung der Aktivierungsenergie für eine chemischen Reaktion. ●●○

8 Beschreibe mithilfe des abgebildeten Energiediagramms die Wirkung eines Katalysators bei einer chemischen Reaktion. ●●○

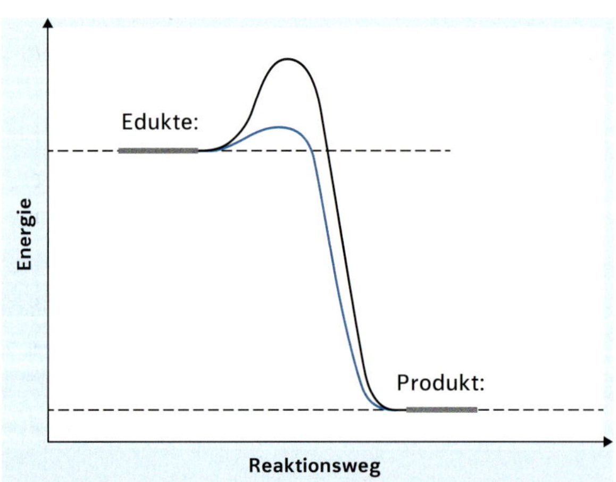

9 Viele Anspitzer bestehen aus dem Metall Magnesium und einer Klinge aus Edelstahl. Die Abbildung oben zeigt einen brennenden Anspitzer. Stelle eine Hypothese auf, welche Reaktion stattfindet und stelle ein Reaktionsschema auf. ●●○

10 Zur Reinigung von Autoabgasen werden Abgaskatalysatoren in die Autos eingebaut. Ein solcher Abgaskatalysator hält meistens ein ganzes Autoleben lang. Begründe, warum Katalysatoren so lange genutzt werden können. ●●○

11 Löse das Rätsel, das sich hinter dem QR-Code verbirgt. ●●○

A Eigenschaften einiger Elemente

Name	Kupfer	Eisen	Zink	Schwefel
Farbe	rotbraun	grau	grau	gelb
Dichte in $\frac{g}{cm^3}$	8,96	7,86	7,14	2,07
Schmelztemperatur in °C	1085	1535	420	113
Verformbarkeit	biegsam	biegsam	biegsam	spröde

B Eigenschaften einiger Verbindungen

Name	Kupfersulfid	Eisensulfid	Zinksulfid
Farbe	blaugrau	dunkelgrau	weiß
Dichte in $\frac{g}{cm^3}$	5,6	4,8	4,0
Schmelztemperatur in °C	1130	1195	1722
Verformbarkeit	spröde	spröde	spröde

C Reaktionsheftigkeit

(A) Eisen und Schwefel

(B) Zink und Schwefel

D Energieschema

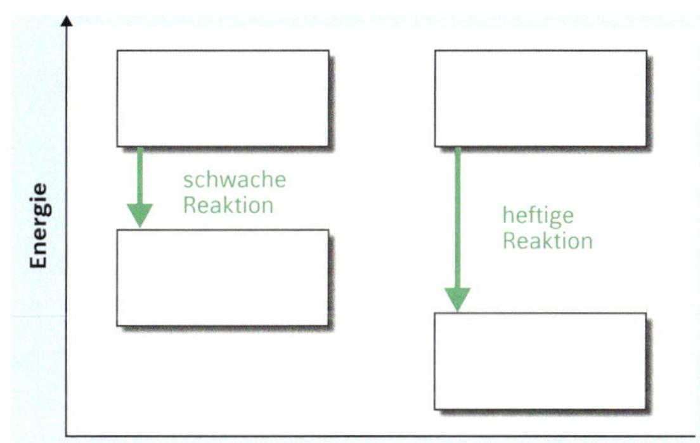

AUFGABEN

Bearbeite die Aufgaben mit Material A bis C

1 Begründe, dass bei der Reaktion der Metalle Kupfer, Eisen und Zink mit Schwefel jeweils eine chemische Reaktion stattfindet. Notiere jeweils das Reaktionsschema mit Energieumsatz. ●○○

2 Vergleiche an einem Beispiel die Eigenschaften der Edukte und des Produktes. Verwende dazu die Angaben in Material A und B. ●●○

3 Bei der Reaktion von Kupfer mit Schwefel resublimiert ein gelbes Pulver am Reagenzglas. Seine Dichte beträgt 2,07 $\frac{g}{cm^3}$. Überprüfe, ob das gelbe Pulver ein Reaktionsprodukt ist. ●●○

Bearbeite die Aufgaben mit Material C und D

1 Beschreibe die Reaktionen von Eisen mit Schwefel und von Zink mit Schwefel. Vergleiche ihre Heftigkeit. ●○○

2 Zeichne die Energieschemata in dein Heft. Ordne die Edukte und die Produkte den Feldern im Energieschema zu. ●●○

3 Magnesium und Schwefel reagieren fast explosionsartig. Schätze den Abstand der Energie von Edukten und Produkt ab. Zeichne ein drittes Energieschema und notiere die Edukte und Produkte im Energieschema. ●●○

1 Silbersulfid wird zerlegt.

2.1 Elemente und Verbindungen

WES-151469-062

Silbersulfid ist ein schwarzes Pulver. Der Stoff wird in ein Reagenzglas gegeben und stark erhitzt. Nach dem Abkühlen befindet sich eine silbrig glänzende Metallkugel am Boden des Reagenzglases. Am Reagenzglasrand hat sich eine gelbe Schicht gebildet. Offensichtlich sind aus dem Stoff Silbersulfid zwei neue Stoffe entstanden. Lassen sich alle Stoffe durch Erhitzen in andere Stoffe umwandeln?

Verbindungen – Die beiden neu entstandenen Stoffe haben ganz andere Eigenschaften als das Silbersulfid. Das Metall ist nicht magnetisierbar. Es hat eine Dichte von 10,5 $\frac{g}{cm^3}$. Es ist Silber. Der gelbe Stoff ist kein Metall, seine Schmelztemperatur beträgt 113 °C. Es ist Schwefel. Wird Silbersulfid stark erhitzt, setzt eine chemische Reaktion ein. Silbersulfid wird in Silber und Schwefel gespalten, es wird zerlegt. Reinstoffe, die sich in chemischen Reaktionen in andere Stoffe zerlegen lassen, nennt man **Verbindungen.**

Basiskonzept
Chemische Reaktion

Verbindungen sind zerlegbar, Elemente nicht.

Verbindungen und Gemische – In einem weiteren Versuch wird Salzwasser erhitzt. Das Wasser verdampft und zurück bleibt Kochsalz. Nun werden Kochsalz und Wasser zusammengegeben. Durch das bloße Vermischen bildet sich wieder Salzwasser. Dies ist ein Hinweis darauf, dass Salzwasser lediglich ein Stoffgemisch und keine Verbindung ist. Salz und Wasser haben stark unterschiedliche Siedetemperaturen. Bei 100 °C verdampft das Wasser. Salz hat eine Siedetemperatur von 1465 °C. So lässt sich erklären, dass Salz als Feststoff zurückbleibt.

Chromatografieren, Extrahieren, Filtrieren oder das Verdampfen eines Lösemittels sind Beispiele für physikalische Trennverfahren. Bei physikalischen Trennverfahren laufen keine chemischen Reaktionen ab. Wenn sich Stoffe durch physikalische Trennverfahren trennen lassen, handelt es sich um Gemische und nicht um Verbindungen.

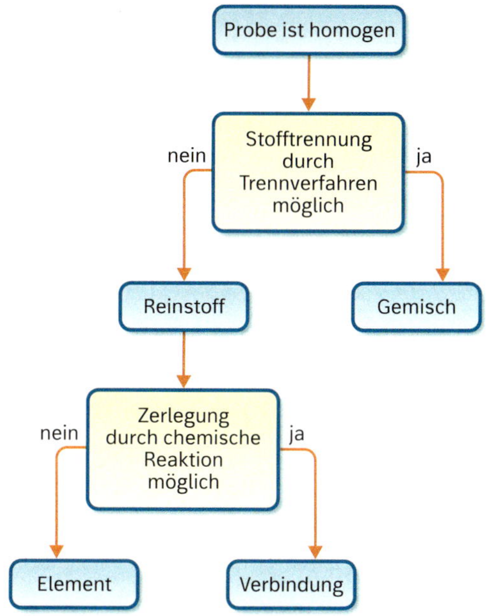

2 Gemisch und Reinstoff, Verbindung und Element

Im nächsten Schritt wird Wasser untersucht. Trennverfahren, wie beispielsweise Chromatografieren, Extrahieren und Destillieren führen zu keiner Stofftrennung. Wasser ist also ein Reinstoff. Legt man an Wasser allerdings eine elektrische Spannung an, bildet sich am Pluspol ein farbloses Gas mit einer Dichte von $1{,}31\,\frac{g}{l}$ und am Minuspol ein farbloses Gas mit einer Dichte von $0{,}08\,\frac{g}{l}$. Eine Untersuchung weiterer Stoffeigenschaften ergibt, dass Wasserstoff und Sauerstoff entstanden sind. Der Reinstoff Wasser ist also eine Verbindung. Er lässt sich in einer chemischen Reaktion in die Stoffe Wasserstoff und Sauerstoff zerlegen.

Elemente – Sauerstoff, Wasserstoff, Silber und Schwefel lassen sich durch keine Reaktion in weitere Stoffe zerlegen. Solche Stoffe bezeichnet man als **Elemente.** Elemente sind die Bausteine aller Verbindungen. Häufig kann man schon am Namen erkennen, welche Elemente in Verbindungen miteinander verbunden sind. In Natriumchlorid sind die Elemente Natrium und Chlor miteinander verbunden. In Eisenbromid sind es Eisen und Brom. In der Verbindung Kupferiodid sind es die Elemente Kupfer und Iod.

PRAKTIKUM

A Diiodpentaoxid

Materialien:
Reagenzglas, Reagenzglasklammer, Luftballon, Teelicht, Spatel; Diiodpentaoxid (GHS03, GHS05)

Durchführung:
1 Füllt eine Spatelspitze Diiodpentaoxid in ein Reagenzglas.
2 Verschließt das Reagenzglas mit einem Luftballon.
3 Erhitzt die Probe über dem Teelicht, bis sich der Stoff verändert.
4 Dokumentiert das Experiment mit Fotos oder in einem Film.

Aufgaben:
1 Erstellt ein Protokoll des Experiments. Verwendet dazu eigene Fotos oder Filme. ●●○
2 Recherchiert und notiert in einer Tabelle Eigenschaften des Edukts und der Produkte. ●○○
3 Überprüft, welche der in Abbildung 2 blau markierten Begriffe zu Diiodpentaoxid, Iod und Sauerstoff passen. ●○○
4 Erläutert am Beispiel des Experiments die Begriffe Element und Verbindung. ●●○
5 Erstellt eine digitale Präsentation zum Experiment. Stellt darin das Edukt und die Produkte mit ihren Eigenschaften vor. Nutzt in der Präsentation die Fachbegriffe und eure Fotos oder Filme. ●●●
6 Erklärt, welche Funktion der Luftballon hat, mit dem das Reagenzglas verschlossen wird. Erklärt, warum diese Maßnahme notwendig ist. ●●○

lat. elementum = Urstoff, Grundstoff, Grundbestandteil

MATERIAL MIT AUFGABEN

A Das „nasse Element“

Fabian trainiert für die Olympischen Spiele. Täglich dreht der Schwimmer seine Bahnen im Leistungszentrum. Viele Fans, die den Schwimmer im Training erleben, sind sich sicher. „Er ist in seinem Element.“

1 Erkläre den Unterschied zwischen einem Element und einer Verbindung. Gib dazu ein Beispiel an. ●●○
2 Beurteile die fachliche Richtigkeit der Aussage am Ende des Artikels über den Schwimmer. ●●○
3 Manche Elemente sind nach Ländern benannt. Recherchiere und nenne Beispiele. ●●○
4 Es gibt nur ein Land, das nach einem Element benannt wurde. Recherchiere das Element. ●●○
5 Insgesamt acht Elemente sind nach Himmelskörpern benannt. Nenne vier dieser Elemente. ●●○
6 Im 19. Jahrhundert gewann man aus der Asche von Tang einen Stoff für die Herstellung von Schießpulver. Die Lösung der Asche griff Kupfergefäße an. Wenn man Schwefelsäure zu der Asche gab, wurden violette Dämpfe frei. Ein neues Element war entdeckt worden. Recherchiere, um welches Element es sich handelt und warum die Kupferkessel angegriffen wurden. ●●○

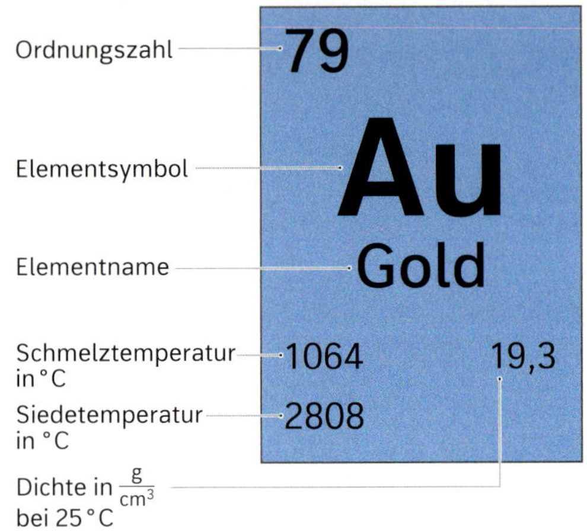

3 Informationen zum Element Gold

Elementnamen und -symbole – Jedes Element hat einen Elementnamen wie Aluminium, Sauerstoff, Silber oder Schwefel. Außerdem hat jedes Element ein Elementsymbol, das aus einem oder zwei Buchstaben besteht. Das Elementsymbol leitet sich häufig vom lateinischen Elementnamen ab. Der erste Buchstabe wird im Elementsymbol groß geschrieben. Wenn das Symbol noch einen weiteren Buchstaben enthält, wird dieser klein geschrieben.

Periodensystem – Die Elementnamen und Elementsymbole werden im Periodensystem angegeben. Das **P**eriodensystem der **E**lemente bezeichnet man auch abgekürzt als PSE. Das Periodensystem ist im Anhang des Buches abgebildet.

Elementname	Elementsymbol	Herkunft des Elementsymbols
Silber	Ag	lat. argentum
Kupfer	Cu	lat. cuprum
Wasserstoff	H	lat. hydrogenium
Sauerstoff	O	lat. oxygenium
Stickstoff	N	lat. nitrogenium
Eisen	Fe	lat. ferrum
Gold	Au	lat. aurum
Kohlenstoff	C	lat. carboneum

4 Bezeichnung einiger Elemente

B Elemente

Schwefel
S (lat. sulphur)

Dichte: $2{,}07\,\frac{g}{cm^3}$
Schmelztemperatur: 113 °C
Siedetemperatur: 445 °C

Weiteres:
- ungiftig und geruchlos
- kommt als Element in der Natur vor
- Verwendung in Zündhölzern, Schwarzpulver

Neodym
Nd (lat. neodymium)

Dichte: $7{,}0\,\frac{g}{cm^3}$
Schmelztemperatur: 1024 °C
Siedetemperatur: 3074 °C

Weiteres:
- leicht entzündbar
- kommt in der Natur nur in Verbindungen vor
- Verwendung in sehr starken Magneten für Kernspintomographen und spezielle Motoren

Quecksilber
Hg (lat. hydragyrum)

Dichte: $13{,}53\,\frac{g}{cm^3}$
Schmelztemperatur: –39 °C
Siedetemperatur: 357 °C

Weiteres:
- giftig
- einziges Metall, das bei Raumtemperatur flüssig ist
- bildet mit vielen Metallen Legierungen (Amalgame)
- Amalgame werden als Zahnfüllmittel oder zur Goldgewinnung eingesetzt

Chlor
Cl (lat. chlorum)

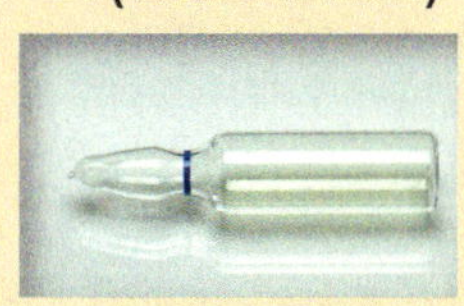

Dichte: $3{,}2\,\frac{g}{l}$
Schmelztemperatur: –101,5 °C
Siedetemperatur: –34,04 °C

Weiteres:
- giftig
- Verwendung als Bleichmittel
- tötet bereits in geringer Konzentration Mikroorganismen ab
- Desinfektionsmittel in Schwimmbädern

1 Erstelle Stoffprofile für weitere drei Elemente. ●○○

2 Suche aus dem Periodensystem alle Elemente heraus, die bei Raumtemperatur gasförmig sind. ●○○

3 Suche im Periodensystem das Element mit der geringsten und mit der höchsten Dichte. ●●○

(4) Recherchiere, wie viele Elemente auf der Erde natürlich vorkommen. ●●○

1 Zwei unterschiedliche Modelle vom Aufbau der Stoffe

2.2 Atome und Atomverbände

WES-151469-066

Der altgriechische Philosoph DEMOKRIT *ging davon aus, dass alle Stoffe aus kleinen Teilchen bestehen. Jeder Stoff besteht nach dieser Vorstellung aus einer eigenen Teilchensorte. In Versuchen beobachtet man, dass Verbindungen wieder in ihre Ausgangsstoffe zerlegt werden können. Wie lässt sich dies auf der Teilchenebene erklären?*

Grenzen des Teilchenmodells – Silbersulfid ist eine Verbindung. Bei der Zerlegung von Silbersulfid beobachtet man, dass Schwefel und Silber entstehen. Nach dem Teilchenmodell besteht Silbersulfid aus Silbersulfid-Teilchen. Die Silbersulfid-Teilchen werden bei der Zerlegung durch Energiezufuhr in Schwefel-Teilchen und Silber-Teilchen umgewandelt. Die Schwefel-Teilchen und Silber-Teilchen lassen sich jedoch nicht in andere Teilchen umwandeln. Diese Beobachtung kann mit dem Teilchenmodell nicht zufriedenstellend erklärt werden. John DALTON löste das Problem. Er entwickelte ein neues Modell. Mit diesem Modell ist eine Erklärung auf der Teilchenebene möglich.

Atome – Nach Daltons Überlegungen bestehen alle Elemente aus kleinen, nicht weiter teilbaren Bausteinen, den **Atomen**. Das Element Silber besteht aus Silber-Atomen. Alle Silber-Atome haben die gleiche Größe und die gleiche Masse. Sie sind identisch. Das Element Schwefel besteht aus Schwefel-Atomen. Auch die Schwefel-Atome sind untereinander alle gleich. Sie unterscheiden sich aber von den Silber-Atomen in Masse und Größe. Jedes Element besteht aus einer einzigen, eigenen Atomsorte. Damit gibt es genauso viele Atomsorten, wie es Elemente gibt. Atome können weder erzeugt noch vernichtet werden. Sie lassen sich auch nicht in andere Atome umwandeln. Daher kann kein Element in ein anderes Element verwandelt werden.
Atome sind so unvorstellbar klein, dass sie selbst mit einem Mikroskop nicht sichtbar gemacht werden können. In Abbildungen werden Atome als kleine Kugeln in unterschiedlichen Farben und Größen dargestellt. Die Farbe ist allerdings eine Stoffeigenschaft. Die Atome selbst haben keine Farbe.

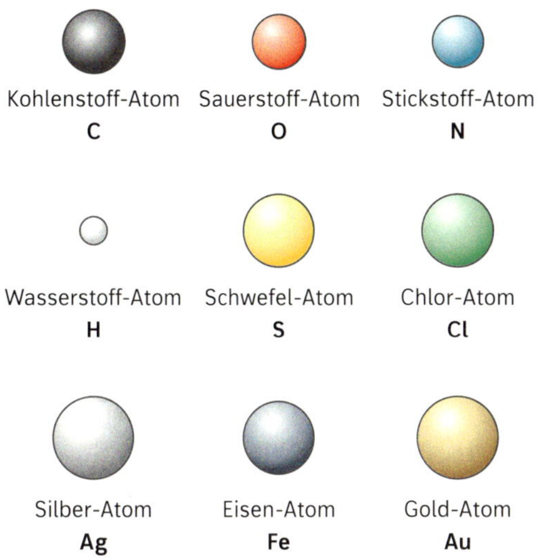

2 Darstellung von Atomen

- Die Atome eines Elements sind untereinander gleich: Sie besitzen die gleiche Masse und die gleiche Größe.
- Die Anzahl der Atomsorten entspricht der Anzahl der Elemente.
- Die Atomsorten unterschiedlicher Elemente unterscheiden sich in ihrer Größe und in ihren Massen.
- Die Atome sind unveränderlich. Sie können nicht erzeugt, vernichtet oder ineinander umgewandelt werden.

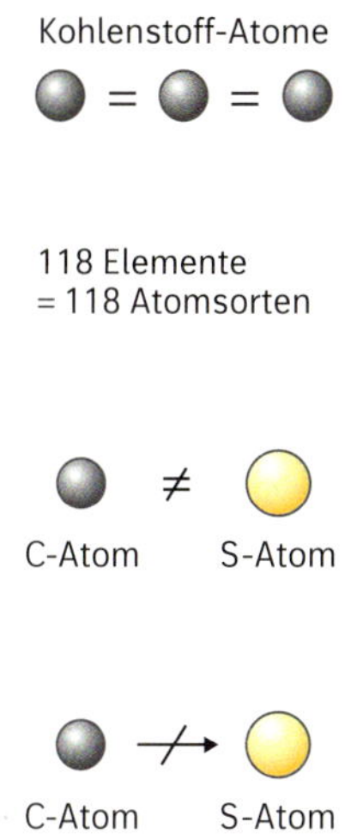

3 Eigenschaften von Atomen nach DALTON

Atomsymbole – Um die Atome der einzelnen Elemente zu unterscheiden, wird für jedes chemische Element ein eigenes Symbol verwendet. Der schwedische Chemiker Jöns Jacob BERZELIUS führte die heutigen international gültigen Atomsymbole 1813 ein. Diese Symbole leiten sich von den wissenschaftlichen Namen der Elemente ab, die meist aus der lateinischen oder der griechischen Sprache stammen. So wird für das Sauerstoff-Atom das Symbol O von *Oxygenium* verwendet. Für das Wasserstoff-Atom verwendet man das Symbol H von *Hydrogenium*. Die Atomsymbole sind im Periodensystem angegeben. Die Atomsymbole entsprechen den Elementsymbolen.

Atommasse – Ein Helium-Atom hat eine Masse von nur 0,000 000 000 000 000 000 000 006 68 g. Rechnungen mit Zahlen mit so vielen Nachkommastellen sind sehr umständlich und fehleranfällig. Aus diesem Grund wurde eine neue Masseneinheit festgelegt, die atomare Masseneinheit unit. Das Symbol dafür ist u.
1 u = 0,000 000 000 000 000 000 000 001 67 g.
Das Atom mit der geringsten Masse ist das Wasserstoff-Atom. Es wiegt etwa 1 u. Die Masse des Helium-Atoms beträgt 4 u. Die Atommassen aller Elemente findet man im Periodensystem.

MATERIAL MIT AUFGABEN

A Ordnung im Periodensystem

Name	Atomsymbol	Atommasse
Gold	?	196,97 u
Silber	?	?
?	?	14,01 u
?	O	15,99 u
?	Cu	?

1 Übertrage die Tabelle in dein Heft. Ordne Gold; C; Silber; 14,01 u; Schwefel; H; 15,99 u; O; Fe; Chrom; Zink; Cu; 52,00 u; 196,97 u; Aluminium; Al; Cr; Titan und 183,85 u in die Tabelle ein. ●●○

2 Recherchiere die fehlenden Daten mithilfe des Periodensystems oder dem Internet und ergänze sie. ●●○

3 Wählt jeweils drei weitere Elemente aus. Nennt euch gegenseitig entweder das Atomsymbol oder die Atommasse und bestimmt dann das Element. ●●○

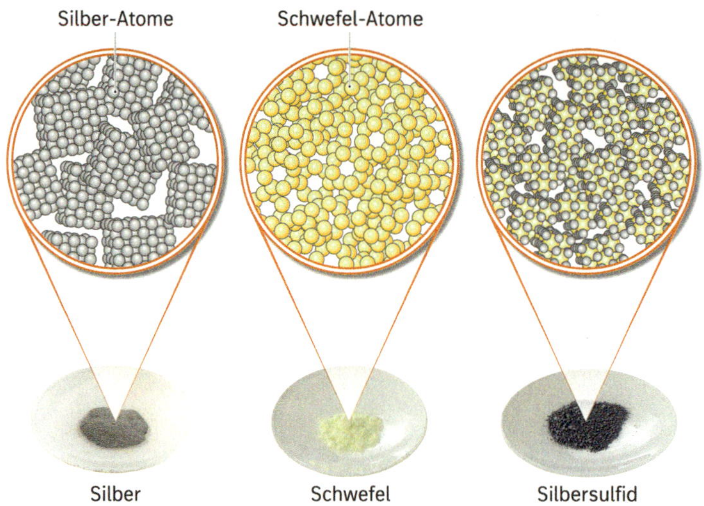

4 Element und Verbindung im Atommodell

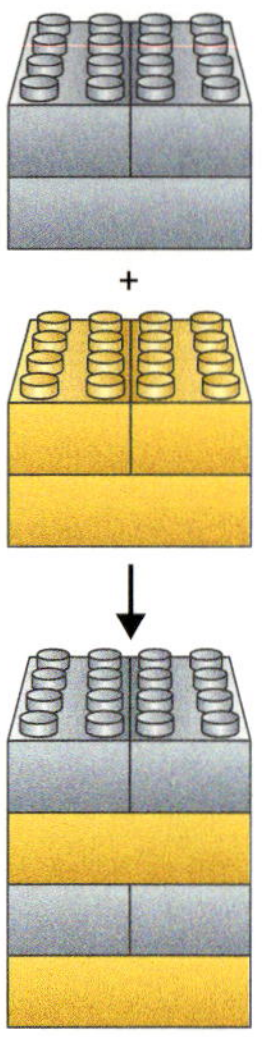

5 Stecksteinmodell

Verbindungen im Atommodell – Elemente bestehen nur aus einer einzigen Atomsorte. Die Verbindung Silbersulfid besteht zwei verschiedenen Atomsorten. Sie besteht aus Silber-Atomen und Schwefel-Atomen. Die beiden Atomsorten sind im Silbersulfidgitter fest miteinander verbunden. Verbindungen bestehen immer aus mindestens zwei unterschiedlichen Atomsorten. Durch physikalische Trennverfahren kann man keine Atome voneinander trennen. Dies gelingt nur mit chemischen Methoden. Aus diesem Grund sind Verbindungen chemisch in ihre Ausgangsstoffe zerlegbar.

Mit Stecksteinen kann man den Unterschied zwischen Elementen und Verbindungen veranschaulichen. Die grauen Stecksteine stellen die Silber-Atome dar. Da das Atomgitter von Silber nur aus Silber-Atomen aufgebaut ist, enthält das Stecksteinmodell nur graue Stecksteine. Die gelben Stecksteine stehen für die Schwefel-Atome. Da Schwefel nur aus Schwefel-Atomen besteht, enthält das Modell nur gelbe Steine. Das Kristallgitter von Silbersulfid ist aus fest miteinander verbundenen Silber-Atomen und Schwefel-Atomen aufgebaut. Daher enthält das Modell graue und gelbe Stecksteine.

MATERIAL MIT AUFGABEN

B Elemente und Verbindungen

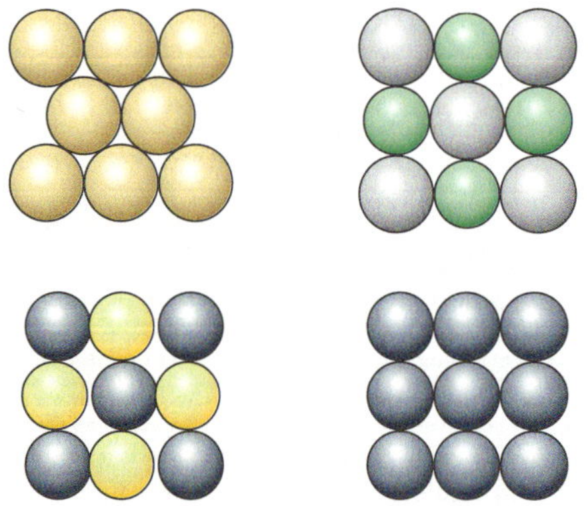

1 Erkläre die Begriffe Element und Verbindung auf Stoffebene und auf Teilchenebene mit eigenen Worten. ●●○
2 In der Abbildung sind verschiedene Stoffe im Atommodell dargestellt. Begründe, ob es sich um Elemente oder Verbindungen handelt. ●●○
3 Gib die Namen der Stoffe an und nenne die Stoffe, in die sie zerlegbar sind. Nutze dazu auch Abbildung 2 auf S. 67. ●●○

Basiskonzept Stoff – Teilchen

Verbindungen bestehen aus mehreren Atomsorten, Elemente nur aus einer einzigen.

Moleküle – Im Schwefel bilden immer acht Schwefel-Atome einen Ring. In Gasen, wie Sauerstoff, Wasserstoff oder Chlor sind immer zwei Atome miteinander verknüpft. In Wasser und Kohlenstoffdioxid sind jeweils drei Atome verbunden. Atomverbände, in denen nur wenige Atome miteinander verbunden sind, heißen **Moleküle.**

Metallgitter – Silber gehört zu den Metallen. Alle Metalle besitzen ähnliche Eigenschaften. Fast alle Metalle sind bei Raumtemperatur Feststoffe. Metalle sind verformbar und gute elektrische Leiter. Diese Übereinstimmungen lassen sich auf das gleiche Bauprinzip auf der Teilchenebene zurückführen. In Metallen liegen Milliarden von Atomen dicht gepackt und in einer regelmäßigen Anordnung vor. Diese Anordnung heißt **Metallgitter.**

Kristallgitter – In Silbersulfid und Calciumoxid sind die Atome gitterartig angeordnet. Die Atomsorten wechseln sich ab. Solche **Kristallgitter** sind riesig groß und bestehen aus Milliarden von Atomen. In den Abbildungen in diesem Buch sind immer nur Ausschnitte der Kristallgitter und der Metallgitter dargestellt. Da die dreidimensionale Darstellung schwierig ist, werden die Atomgitter häufig zweidimensional gezeichnet.

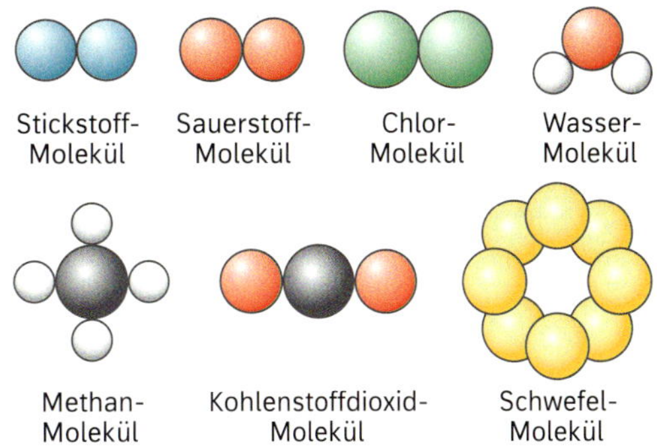

6 Moleküle

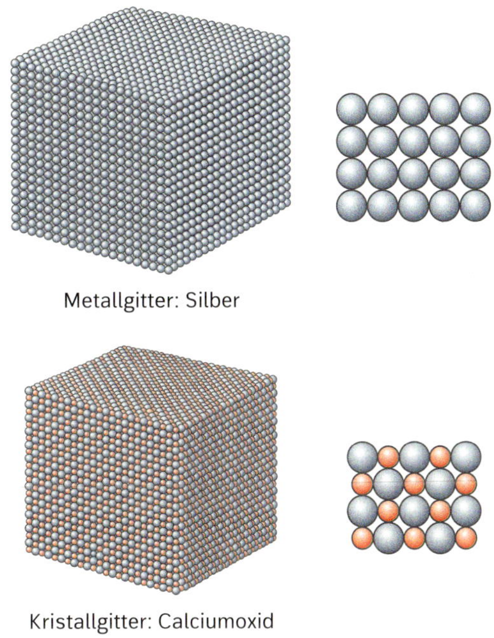

7 Verschiedene Darstellungen von Gittern

MATERIAL MIT AUFGABEN

C Atome im Größenvergleich

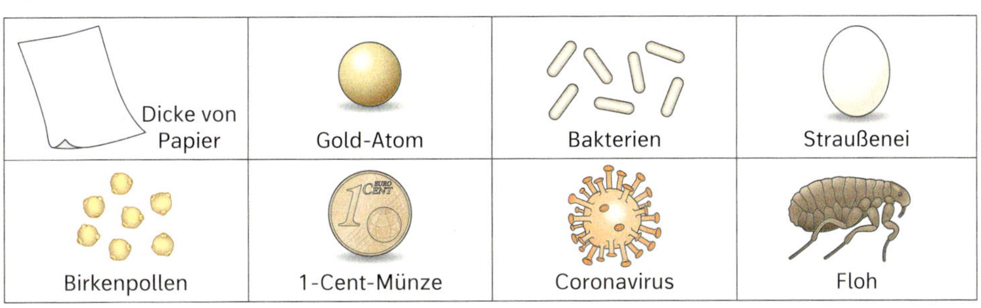

1 Recherchiere die Größe der dargestellten Objekte.

2 Ordne die abgebildeten Objekte nach ihrer Größe.

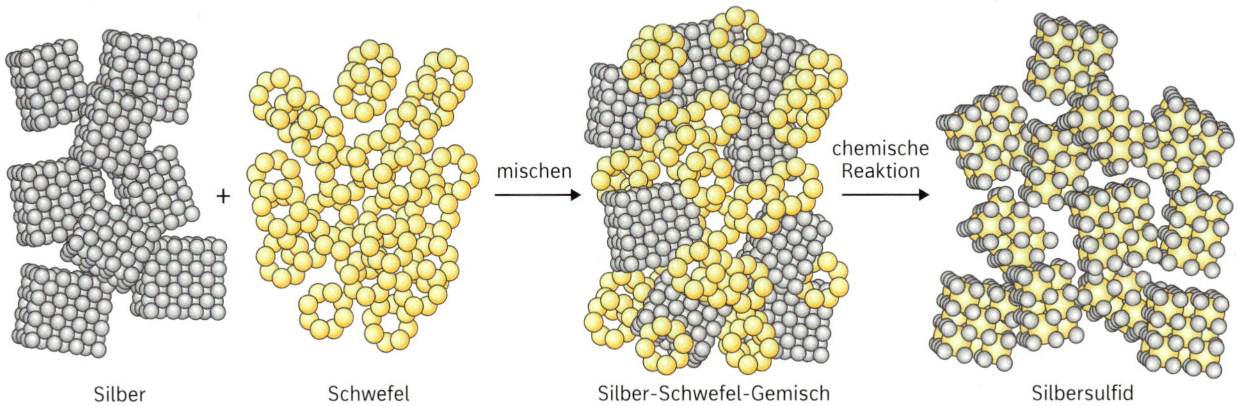

8 Reaktion von Silber und Schwefel im Atommodell nach DALTON

Gemische – Mischt man Silber und Schwefel, bildet sich noch kein Silbersulfid. Zunächst erhält man ein Silber-Schwefel-Gemisch. Dieses Gemisch könnte man durch Extraktion und Filtration wieder trennen. Durch Zugabe eines geeigneten Lösemittels kann der Schwefel gelöst und das unlösliche Silberpulver abfiltriert werden.
Im Atommodell betrachtet liegen die Silber-Atome in einem Gitter aus Silber-Atomen vor. Die Schwefel-Atome bilden Ringe aus acht Schwefel-Atomen. Im Gemisch sind die beiden Atomsorten nicht miteinander verbunden. Daher kann man ein Gemisch mit den geeigneten Methoden wieder trennen.

Die chemische Reaktion – Erhitzt man ein Silber-Schwefel-Gemisch, setzt eine chemische Reaktion ein. Silber und Schwefel reagieren zu Silbersulfid. Im Atommodell betrachtet werden die Silber-Atome und Schwefel-Atome aus ihren Verbänden gelöst. Beide Atomsorten vereinigen sich zu einem Gitter aus Silber-Atomen und Schwefel-Atomen. Die beiden Atomsorten sind nun fest miteinander verbunden. Bei chemischen Reaktionen werden die Atome umgruppiert, also anders angeordnet. Die Verbindung Silbersulfid ist ein neuer Reinstoff. Mit den bekannten Trennmethoden für Gemische kann man Silbersulfid nicht wieder trennen.

MATERIAL MIT AUFGABEN

D Chemische Reaktionen im Teilchenmodell und im Atommodell

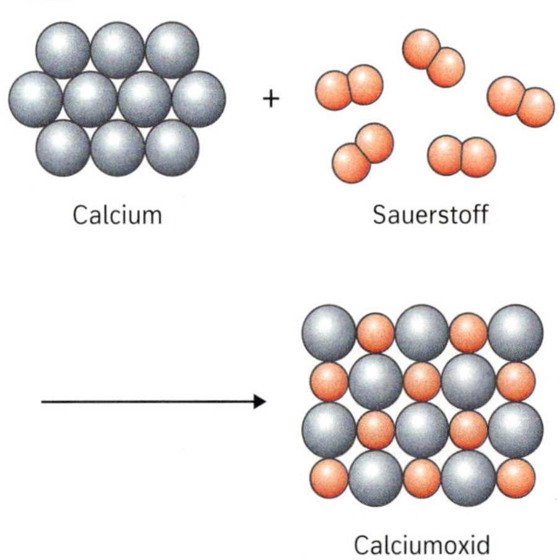

1 Beschreibe den Aufbau der Edukte und des Produkts aus Atomen. ●○○
2 Beschreibe die in der Abbildung dargestellte chemische Reaktion auf Stoffebene und Teilchenebene. ●●○
3 Erstelle einen Stop-Motion-Film zur Reaktion auf der Teilchenebene. ●●○
4 Mit dem Atommodell ist eine genauere Beschreibung der Reaktion möglich als mit dem Teilchenmodell. Erkläre. ●●●
5 Beschreibe mithilfe von Abbildung 8 den Unterschied zwischen einem Gemisch und einer Verbindung. ●●○

MATERIAL MIT AUFGABEN

E Modell und Wirklichkeit

Nicht nur in der Chemie wird mit Modellen gearbeitet. Der Globus ist ein Modell der Erde. Ein Architekt entwirft das Modell eines Hauses und ein Spielzeugauto ist eine Miniaturausgabe eines Sportwagens. Modelle besitzen nicht alle Eigenschaften, die das wirkliche Objekt besitzt. Alle Modelle sind vereinfachte Darstellungen der Wirklichkeit, sie sind aber nicht die Wirklichkeit selbst. Modelle erfüllen einen Zweck. Sie sind dazu gedacht und geeignet, bestimmte ausgewählte Aspekte zu veranschaulichen oder zu verdeutlichen. Am Globus kann man zum Beispiel den Verlauf von Meeresströmungen veranschaulichen und damit ihren Einfluss auf das Klima der Erde verstehen. Aus identischen Stecksteinen lassen sich verschiedene Dinge bauen wie beispielsweise ein Flugzeug und ein Lastwagen. Stecksteine kann man auch als Modelle für Atome verwenden. Stecksteine haben mit Atomen in der Realität nichts gemeinsam, jedoch lassen sich mit Stecksteinen chemische Reaktionen auf der Teilchenebene modellhaft veranschaulichen. Jede Sorte Stecksteine stellt im Modell eine bestimmte Atomsorte dar. Die Steine werden so verbunden, dass immer alle Steckplätze belegt werden.

1 Veranschauliche den Ablauf der Reaktion von Zink mit Schwefel auf der Teilchenebene. Entwickle dazu ein Modell mit Stecksteinen. Mache Fotos von den verschiedenen Elementen des Modells. ●●○

2 Stelle das Modell der Klasse vor. Nutze dabei auch deine Fotos. ●○○

3 Stelle das Reaktionsschema für die Reaktion auf. ●●○

4 Zeichne in einem Comic-Strip aus mindestens drei Bildern den Ablauf der Herstellung von Zinksulfid im Atommodell nach DALTON. ●●○

5 Das Modell der Stecksteine soll die Vorstellung der Teilchenebene bei chemischen Reaktionen erleichtern. Bewerte das Modell und erläutere dabei seine Vorteile und Grenzen. Erkläre, was dein Modell leisten soll und was es vielleicht nicht leisten kann. ●●●

MERKE!

ELEMENTE und VERBINDUNGEN

ATOME sind die Bausteine der Stoffe. Jede Atomsorte hat eine ganz bestimmte Größe und Masse. Die **ATOMMASSEN** werden in der Einheit **u** angegeben. Als Zeichen für eine Atomsorte wird das **ATOMSYMBOL** verwendet.

	Sauerstoff-Atom	Silber-Atom	Schwefel-Atom

Atommasse:	16 u	108 u	32 u
Atomsymbol:	O	Ag	S

ELEMENTE bestehen aus einer einzigen Atomsorte.

Silber

VERBINDUNGEN bestehen aus mehreren Atomsorten.

Silbersulfid

Atomverbände aus Millionen von Atomen sind **KRISTALLGITTER**.

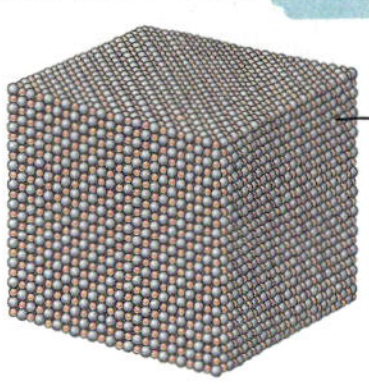

Kristallgitter

Calciumoxid räumliche Darstellung

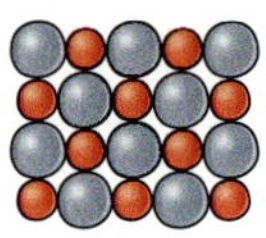

Calciumoxid vereinfachte Darstellung

Atomverbände aus wenigen Atomen sind **MOLEKÜLE**.

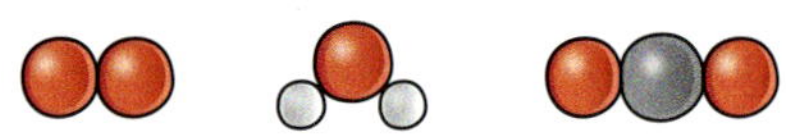

Sauerstoff-Molekül — Wasser-Molekül — Kohlenstoffdioxid-Molekül

Mit dem Wissen über Atome kann man die chemische Reaktion beschreiben.

Bei **CHEMISCHEN REAKTIONEN** werden Atome umgruppiert. Sie lösen sich aus ihren Verbänden und bilden neue Verbände.

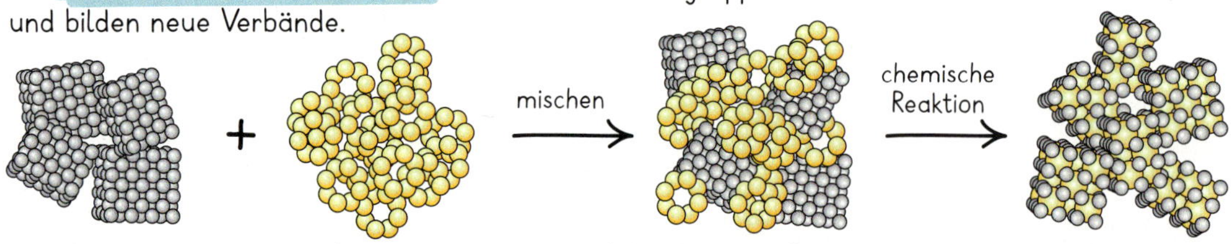

Silber — Schwefel — Silber-Schwefel-Gemisch — Silbersulfid

Teste dich

1 Beschreibe, wie sich DALTON den Aufbau der Elemente vorstellte. ●○○

2 Erkläre an der folgenden Abbildung die Begriffe Element und Verbindung. ●○○

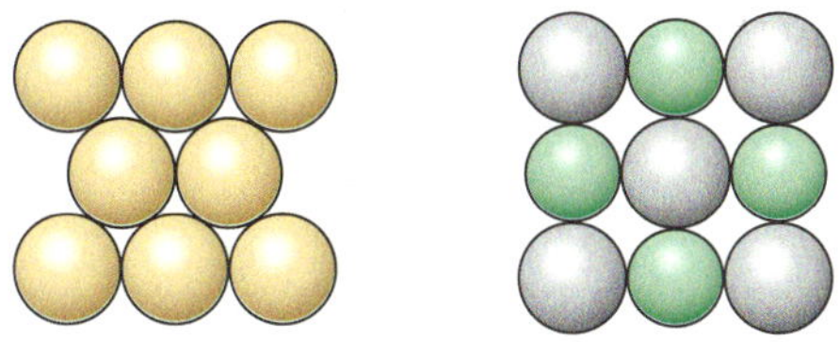

3 Die Abbildung zeigt die Modelle eines Methan-Moleküls und eines Pentan-Moleküls. Beschreibe den Aufbau der Moleküle und vergleiche die beiden Moleküle. ●●○

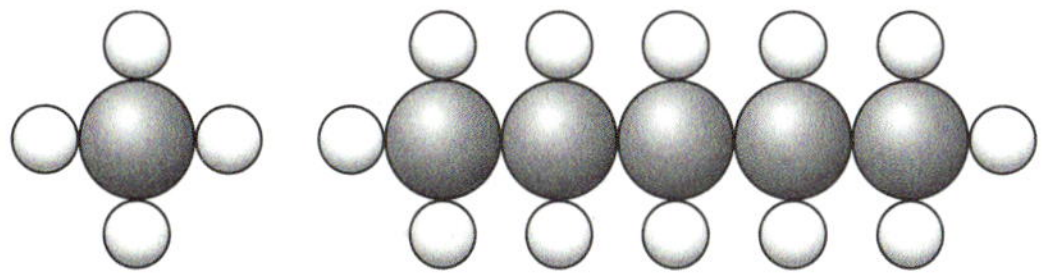

Methan-Molekül Pentan-Molekül

4 Erstelle aus den Begriffen ein einfaches Schema: Reinstoff, Element, Gemisch, Verbindung. Nenne dann für jeden Begriff drei Beispiele. ●●○

5 Löse das Rätsel, das sich hinter dem QR-Code verbirgt. ●●○

A Elemente – Verbindungen – Gemische

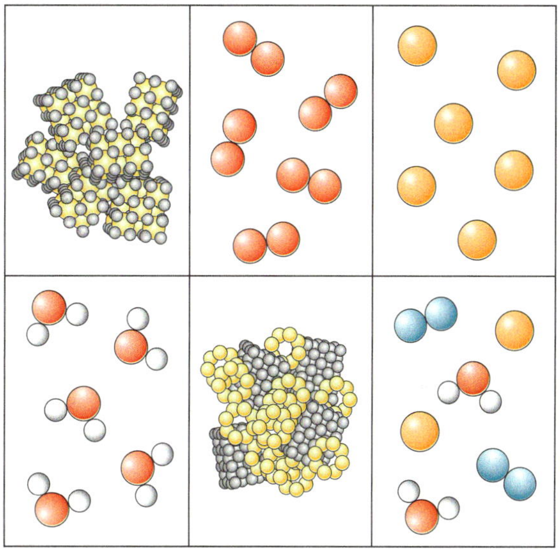

Die Anordnung von Atomen in Elementen, Verbindungen und Gemischen kann man modellhaft darstellen. Als Symbole für Atome wählt man dabei häufig farbige Kugeln, obwohl Atome nicht farbig sind und man die Form der Atome nicht kennt.

AUFGABEN

Bearbeite die Aufgaben mit Material A.

1 Ordne den Modelldarstellungen in den sechs Kästen die Begriffe Reinstoff, Gemisch, Element und Verbindung zu. Für jeden Kasten könnten mehrere Begriffe passen. ●●○

2 Begründe jeweils deine Zuordnung. ●●○

3 Beschreibe exakt, was in den einzelnen Kästen zu erkennen ist. Nutze dabei Fachbegriffe. ●●○

4 Gemische können homogen oder heterogen sein. Erkläre die Unterschiede und wähle aus den obigen Kästchen die aus, mit denen du deine Erklärung verdeutlichen kannst. ●●●

Reaktionen mit Sauerstoff

Dieses Kapitel hat folgenden Inhalt:

Kerzenwachs verbrennt. Es reagiert mit dem Sauerstoff in der Luft.

1 Wolken bestehen aus vielen Wassertröpfchen.

1.1 Luft ist ein Gasgemisch

WES-151469-076

Die Luft umgibt uns, ohne dass sie sichtbar ist. Erst durch Wind oder Wolken fühlt und erkennt man, dass sie tatsächlich vorhanden ist. Wolken formen sich, wenn Wasserdampf aus der Luft kondensiert und kleine Wassertröpfchen bildet. Luft ist also ein Stoffgemisch, in dem gelöster Wasserdampf enthalten ist. Welche weiteren Bestandteile enthält die Luft und wie groß sind diese Anteile?

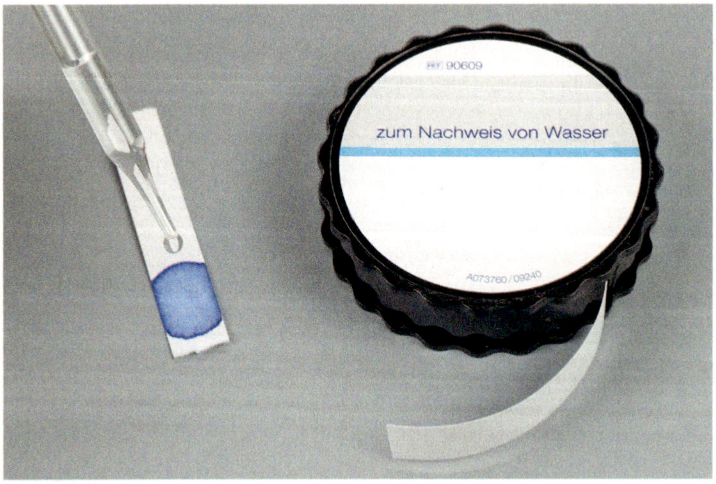

2 Nachweis von Wasser mit Wassertestpapier

Wasserdampf in der Luft – Durch die Wärme der Sonne verdampft Wasser aus Meeren und Flüssen. Es entsteht Wasserdampf. Der Anteil des Wasserdampfs in der Luft unterliegt großen Schwankungen. Bezogen auf die gesamte Luft in der Atmosphäre liegt er im Durchschnitt nur bei 0,4 Volumenprozent. Als **Luftfeuchtigkeit** wird die Masse an Wasserdampf in Gramm pro Kubikmeter Luft bezeichnet. Warme Luft kann mehr Wasser aufnehmen als kalte Luft. Kühlt sich warme Luft ab, kondensiert ein Teil des Wasserdampfs zu Wassertröpfchen und bildet Wolken. Werden die Wassertropfen zu groß, fallen sie als Regen wieder auf die Erde zurück.

Wassernachweis – Mit Wassertestpapier lässt sich Wasser nachweisen. Bringt man das Papier in Kontakt mit Wasser, färbt es sich blau. Das Testpapier enthält einen Farbstoff, der sich nur blau färbt, wenn er sich in Wasser löst. So lässt sich Wasser auf einfache Weise nachweisen.

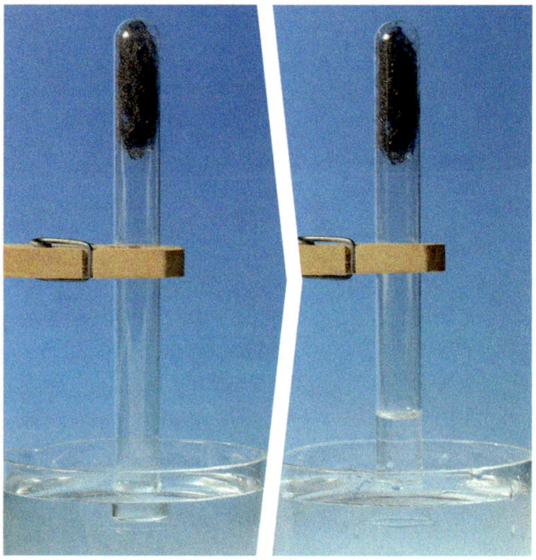

3 Bestimmung des Sauerstoffgehalts in der Luft

4 Glimmspanprobe zum Nachweis von Sauerstoff

Sauerstoffgehalt der Luft – Mit Essigsäure gereinigte Eisenwolle wird in ein Reagenzglas gedrückt. Das Reagenzglas wird mit der Öffnung nach unten in Wasser eingetaucht. Innerhalb von einer Stunde steigt der Wasserspiegel im Reagenzglas langsam an. Schließlich verändert sich der Wasserstand nicht mehr. Aus der Eisenwolle hat sich mit dem Sauerstoff der Luft schwarzes Eisenoxid gebildet. Dabei wurde der Luft im Reagenzglas der Sauerstoff entzogen. Der Anstieg des Wasserspiegels im Reagenzglas gibt den Anteil des Sauerstoffs in der Luft an. Die Wassersäule nimmt das Volumen des verbrauchten Sauerstoffs ein. Das Luftvolumen ist um etwa 20 % verringert worden. Genauere Messungen ergeben einen Sauerstoffgehalt der Luft von 21 %.

Glimmspanprobe – Zündet man einen Holzspan an und pustet ihn aus, so glimmt er weiter. Der Sauerstoff in der Luft reagiert mit dem Glimmspan. Hält man den glimmenden Span in eine Gasprobe, die überwiegend Sauerstoff enthält, flammt der Holzspan wieder hell auf. Mit dieser **Glimmspanprobe** lässt sich Sauerstoff nachweisen. Führt man die Glimmspanprobe mit dem Restgas aus dem obigen Versuch durch, erlischt der Glimmspan. In dem Restgas ist kein Sauerstoff mehr vorhanden.

MATERIAL MIT AUFGABEN

A Kolbenproberexperiment

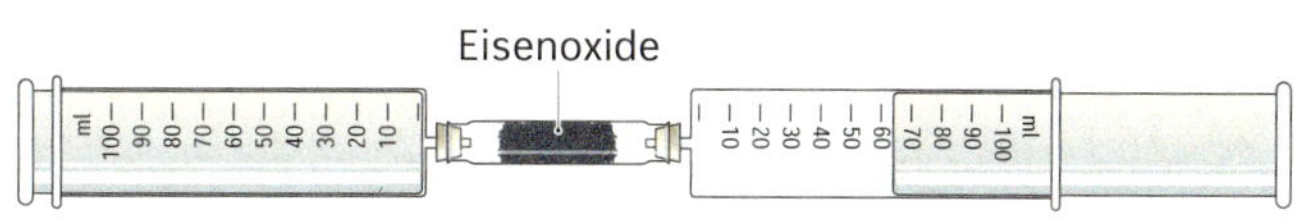

80 ml Luft werden mehrfach von einem Kolbenprober über erhitzte Eisenwolle in einen anderen Kolbenprober gedrückt. Die Eisenwolle glüht anfangs dabei auf. Der Versuch ist beendet, wenn die Eisenwolle nicht mehr aufglüht. Die Abbildung zeigt das Ergebnis des Versuchs nach dem Abkühlen. Die ursprünglich graue Eisenwolle hat sich schwarz gefärbt.

1 Lies das Gasvolumen in der abgekühlten Apparatur ab. Berechne, wie viel Prozent des ursprünglichen Gasvolumen fehlen. ●●○
2 Stelle eine Hypothese auf, worauf die Volumenveränderung zurückzuführen ist. ●●○
3 Plane ein Experiment, mit dem nachgewiesen wird, welcher Bestandteil aus der Luft verbraucht wurde. ●●●
4 Erläutere die Auswirkung auf das Experiment, wenn sehr wenig Eisenwolle eingesetzt wird. ●●●
5 Begründe, warum es wichtig ist, ein möglichst kleines Reaktionsrohr zu wählen. ●●●
6 Erläutere, warum man das Gasvolumen erst ablesen soll, nachdem die Apparatur abgekühlt ist. ●●○

5 Kalkwasserprobe: Nachweis von Kohlenstoffdioxid

Kohlenstoffdioxid Wenn Lebewesen atmen, nehmen sie nicht nur den Sauerstoff aus der Luft auf. Beim Abbau der Nahrung wird im Körper Kohlenstoffdioxid freigesetzt. Dieses Kohlenstoffdioxid wird in die Luft ausgeatmet. Kohlenstoffdioxid ist ein weiterer Bestandteil der Luft. In der eingeatmeten Luft beträgt der Kohlenstoffdioxidanteil 0,04 %. In der ausgeatmeten Luft ist der Anteil etwas höher. Pflanzen nehmen Kohlenstoffdioxid und Wasser auf. Unter Einwirkung von Licht bauen die Pflanzen Nährstoffe auf, die sie zum Wachsen brauchen. Als weiteres Produkt entsteht Sauerstoff, den die Pflanzen in die Luft abgeben. Man nennt diesen Vorgang **Fotosynthese**. Durch den natürlichen Kreislauf zwischen Fotosynthese und Atmung bleiben die Anteile an Kohlenstoffdioxid und Sauerstoff in der Luft im Wesentlichen gleich.

Joseph Priestley, englischer Forscher (1733 – 1804)

Kalkwasserprobe Leitet man Kohlenstoffdioxid oder ein kohlenstoffdioxidhaltiges Gemisch in klares Kalkwasser ein, bildet sich eine weiße Trübung. Sie ist auf die Bildung von unlöslichem Calciumcarbonat zurückzuführen, das aus Kohlenstoffdioxid und Kalkwasser entsteht. Dieser Nachweis für Kohlenstoffdioxid ist sehr empfindlich. Damit lässt sich sogar der geringe Anteil an Kohlenstoffdioxid in der Luft nachweisen.

MATERIAL MIT AUFGABEN

B Atmung und Fotosynthese

Joseph Priestley untersuchte die Luft. Dazu setzte er eine Maus in einen luftdichten Behälter. In einen zweiten Behälter stellte er eine Pflanze und in einen dritten Behälter eine Maus und eine Pflanze. Nach einigen Tagen erhielt er das abgebildete Ergebnis.

1 Beschreibe mithilfe der Abbildungen, was Priestley beobachtete. ●○○
2 Erkläre das Versuchsergebnis. ●●○
3 Beschreibe den Kreislauf, der im vorderen Behälter entsteht. ●●○
4 Neben der Atmung nimmt der Mensch durch weitere Vorgänge erheblichen Einfluss auf die Zusammensetzung der Luft. Nenne solche Vorgänge und erläutere, welche Wirkung diese Vorgänge auf die Zusammensetzung der Luft haben. ●●●

Stickstoff – Der Hauptbestandteil der Luft ist mit 78 % ein Gas, das Flammen erstickt. Es wird daher Stickstoff genannt. Das Gas ist farblos und geruchlos und reagiert nur mit wenigen Stoffen. Daher gibt es keine eindeutige Nachweisreaktion für Stickstoff.

Weitere Gase – Die Luft enthält in geringen Mengen noch weitere Gase. Von diesen Gasen hat Argon mit etwa einem Prozent den größten Anteil in der Luft. Die übrigen Gase sind Helium, Neon, Krypton, Xenon und Radon. Ihre Anteile sind äußerst gering.

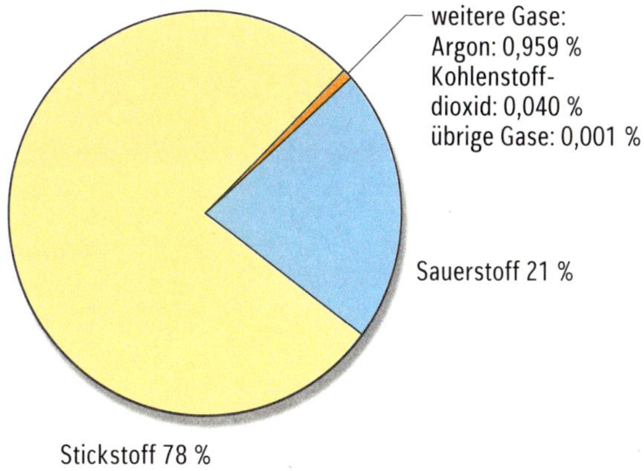

6 Zusammensetzung von trockener Luft

MATERIAL MIT AUFGABEN

C Der Kreislauf der Kohlenstoff-Atome

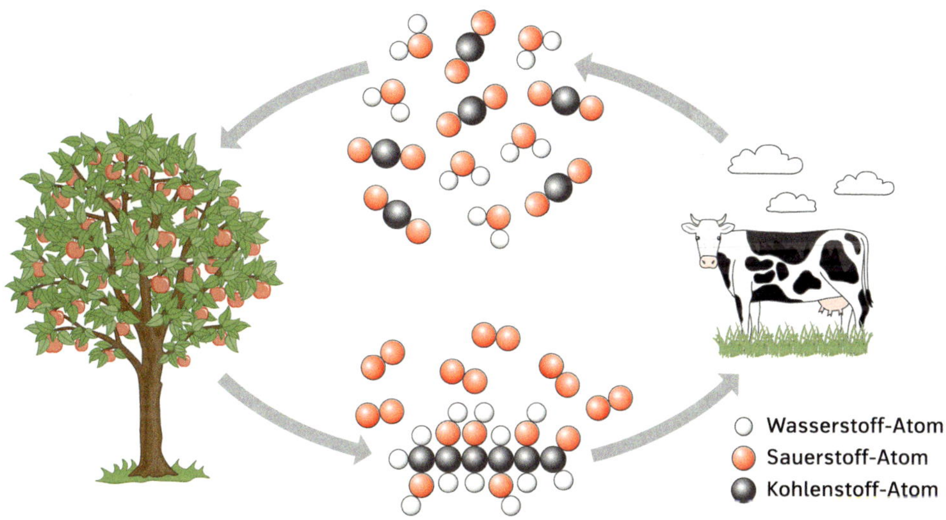

Kohlenstoff-Atome kommen in unterschiedlichen Molekülen vor. Sie sind zum Beispiel Bestandteil von Kohlenstoffdioxid-Molekülen. In Traubenzucker-Molekülen sind jeweils sechs Kohlenstoff-Atome enthalten. Im Bild oben ist schematisch dargestellt, wie Kohlenstoff-Atome von Molekülen einer Verbindung in Moleküle einer anderen Verbindung gelangen können. Es wird deutlich, dass keine Atome verlorengehen. Sie werden in den jeweiligen Schritten nur zu neuen Molekülen umgruppiert.

1 Beschreibe deinem Sitznachbarn das Bild oben mit deinen eigenen Worten. ●●○

2 Den Weg der Kohlenstoff-Atome bezeichnet man auch als Kreislauf der Kohlenstoff-Atome. Begründe diese Bezeichnung. ●○○

3 Erkläre, ob man auch bei Wasserstoff-Atomen und Sauerstoff-Atomen von einem Kreislauf sprechen kann. ●●○

4 Vergleiche mithilfe der Abbildung zum Kreislauf der Kohlenstoff-Atome die Fotosynthese und die Atmung. ●●○

1 Waldbrand

1.2 Brände und Brandbekämpfung

WES-151469-080

Basiskonzept
Chemische Reaktion

Brände sind chemische Reaktionen. Wissen über chemische Reaktionen hilft Brände zu verhindern oder zu löschen.

Im Sommer 2022 erlebte das Bundesland Brandenburg den größten Waldbrand der Geschichte. Der Brand hat sich schnell auf 800 Hektar ausgebreitet. Vorausgegangen waren trockene, heiße Monate. Trockenheit alleine verursacht aber noch kein Feuer. Welche Voraussetzungen müssen erfüllt ein, damit es zu einem Brand kommt?

Brandentstehung – In Trockenperioden ist das Waldbrandrisiko immer besonders hoch. Möglicherweise hat eine achtlos weggeworfene glühende Zigarettenkippe das Feuer entzündet. Herumliegende Glasflaschen oder Glasscherben bündeln Sonnenlicht und können wie Brenngläser wirken. Auch dadurch könnten sich trockenes Gras und Laub entzündet haben. Das trockene Holz im Wald fing schnell Feuer. Durch starken Wind wurde das Feuer immer heftiger und breitete sich schnell aus. Es sind immer mehrere Voraussetzungen notwendig, damit ein Brand entstehen kann.

Brennstoff – Bei einem Waldbrand verbrennen Holz, Laub und Gras. Diese Materialien sind brennbar. Stoffe, die brennen können, nennt man **Brennstoffe.** Für die Entstehung eines Brandes ist zunächst ein Brennstoff notwendig. Auch Kohle, Papier und Benzin sind Brennstoffe.
Versucht man Sand anzuzünden, stellt man schnell fest, dass dies nicht möglich ist. Es gibt viele weitere Materialien, die nicht brennbar sind. Dazu gehören Beton, Kohlenstoffdioxid, Glas und Wasser.

Sauerstoff – Wenn man Holz in einem Kamin verbrennt, muss man für eine ausreichende Luftzufuhr sorgen. Macht man das nicht, geht das Feuer aus. In der Luft ist Sauerstoff enthalten, der bei der Verbrennung mit dem Brennstoff reagiert. Ohne genügende Luftzufuhr fehlt der Sauerstoff und der Brand erlischt. Wind und Sturm führen dazu, dass bei Waldbränden viel Sauerstoff nachgeliefert wird.

Zündtemperatur – Zigarettenglut oder gebündelte Sonnenstrahlen aus einem Brennglas sind sehr heiß. Die Hitze erwärmt Gras oder Laub an manchen Stellen sehr stark. Ab einer bestimmten Temperatur entzündet sich der Brennstoff. Dazu wird keine Flamme und kein Zündfunke benötigt. Die Temperatur, bei der sich ein Stoff von selbst entzündet, wird **Zündtemperatur** genannt. Trockenes Fichtenholz entzündet sich zum Beispiel bei 280 °C. Holzkohle entzündet sich bei 300 °C. Funken oder Flammen können Brände auslösen, weil sie den Brennstoff an einzelnen Stellen über die Zündtemperatur erhitzen. Hat ein Brand erst einmal begonnen, liefert die Verbrennung so viel Wärme, dass sich weiterer Brennstoff entzündet.

Flammpunkt – Spiritus hat eine hohe Zündtemperatur. Die Zündtemperatur liegt bei 425 °C. Durch Zündfunken oder Flammen kann sich Spiritus aber schon bei 12 °C entzünden. Viele brennbare Flüssigkeiten können sich durch Funken unterhalb der Zündtemperatur entzünden. Über der Flüssigkeitsoberfläche bilden sich brennbare Dämpfe. Die Temperatur, bei der sich eine Flüssigkeit durch einen Funken entzünden lässt, nennt man **Flammpunkt.**

Oberfläche – In 1979 ereignete sich in der Bremer Rolandmühle eine große Katastrophe. Mehlstaub in der Luft hatte sich entzündet und zu einer Explosion geführt. Bei Staubexplosionen liegt der Brennstoff in kleinen Partikeln vor, die fein verteilt in der Luft schweben. So hat der Brennstoff eine große **Oberfläche.** Die Oberfläche ist umso größer, je feiner die Körner sind. So kommt der Brennstoff gut in Kontakt mit dem Sauerstoff in der Luft. Nach dem Entzünden verläuft die Reaktion sehr schnell. Dabei wird in kurzer Zeit viel Wärme frei. Verbrennungsgase und die umgebende Luft dehnen sich stark aus. Dies ist der Grund für die Explosionswirkung. Brennbare Gase mischen sich mit Sauerstoff noch intensiver als Stäube. Daher sind Gasexplosionen noch heftiger als Staubexplosionen.

MATERIAL MIT AUFGABEN

A Brennbare Flüssigkeiten

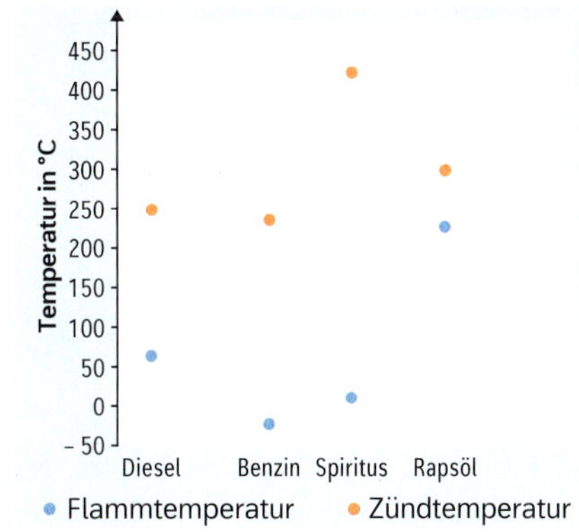

1 Nenne die Zündtemperaturen und die Flammpunkte der in der Abbildung genannten Stoffe. ●○○

2 Beurteilt das Brandrisiko der genannten Stoffe:
Partner A: bei 0 °C und bei 280 °C,
Partner B: bei 50 °C und bei 400 °C.
●●●

3 Stellt euch eure Ergebnisse gegenseitig vor. ●○○

B Oberfläche

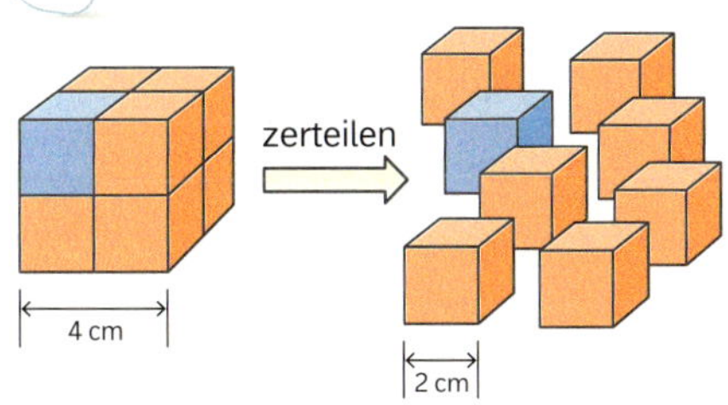

1 Berechne die Oberfläche des Würfels mit der Kantenlänge a = 4 cm und die Oberfläche sämtlicher Würfel nach der Zerteilung. ●●○

2 Berechne die gesamte Oberfläche, wenn die Kantenlänge der einzelnen Würfel a = 1 cm beträgt. ●●○

3 Erläutere den Einfluss der Oberfläche des Brennstoffes bei einem Feuer. ●●●

2 Branddreieck

Branddreieck – Durch eine große Dürre war in Kalifornien das Wasser knapp. Bei der Bekämpfung der Waldbrände konnten die Feuerwehrleute daher nur begrenzt Wasser zum Löschen verwenden. Sie setzten neben Wasser und Schaum auch Bulldozer zum Löschen der Waldbrände ein. Denn für einen Brand müssen drei Voraussetzungen gegeben sein. Zunächst muss ein **Brennstoff** vorhanden sein. Außerdem muss genügend **Sauerstoff** zur Verfügung stehen. Und die **Zündtemperatur** des Brennstoffs muss überschritten sein. Diese drei Voraussetzungen werden in einem Branddreieck bildlich dargestellt. Fehlt eine Voraussetzung, erlischt das Feuer. Feuerwehrleute entfernen daher entweder den Brennstoff oder den Sauerstoff. Oder sie kühlen den Brennstoff unter die Zündtemperatur ab.

Entfernen des Brennstoffs – Mit den Bulldozern fällt man bei einem Waldbrand Bäume, Hecken und anderes Buschwerk. So entfernt man den Brennstoff in der Nähe der Flammen. Zurück bleibt nur der Boden aus Erde, Sand und Gestein. All diese Stoffe sind nicht brennbar. Die breiten gerodeten Streifen durch den Wald nennt man Brandschneisen. Gelangt das Feuer an eine solche Brandschneise, fehlt weiterer Brennstoff und das Feuer erlischt.

Eine andere Möglichkeit besteht darin, in der Ausbreitungsrichtung des Feuers ein Gegenfeuer anzuzünden. Durch das Gegenfeuer wird der Brennstoff kontrolliert verbrannt. Kommt das Hauptfeuer dann an diese Stellen, fehlt es an Brennmaterial und das Feuer kann nicht weiter brennen.

Entfernen des Sauerstoffs – Kleine Brände kann man löschen, indem man eine Löschdecke darüber legt. Auch eine Schicht Sand erstickt den Brand, wenn man sie auf den Brennstoff gibt. Durch beide Maßnahmen wird der Sauerstoff vom Brennstoff ferngehalten. Auch das Pulver aus Feuerlöschern verhindert den Zutritt von Sauerstoff. Pulverlöscher werden häufig im Freien verwendet. Man setzt sie bei Autobränden ein. In geschlossenen Räumen werden oft Feuerlöscher mit Kohlenstoffdioxid als Löschmittel verwendet. Kohlenstoffdioxid hat eine größere Dichte als Luft und sinkt deshalb zu Boden. Das nicht brennbare Gas legt sich über den Brand und erstickt die Flammen. Größere Brände werden meist mit Schaum gelöscht. Auch der Schaum schirmt den Brandherd gegen den Sauerstoff ab.

Kühlen – Beim Löschen mit Wasser verdampft das Wasser in den Flammen. Beim Verdampfen nimmt das Wasser Energie auf. Dadurch kühlt sich der Brennstoff ab. Auch der Einsatz von Schaum oder Sand bewirkt eine Kühlung. Durch ausreichendes Kühlen sinkt die Temperatur des Brennstoffs unter die Zündtemperatur und das Feuer erlischt.

PRAKTIKUM

A Modell eines Feuerlöschers

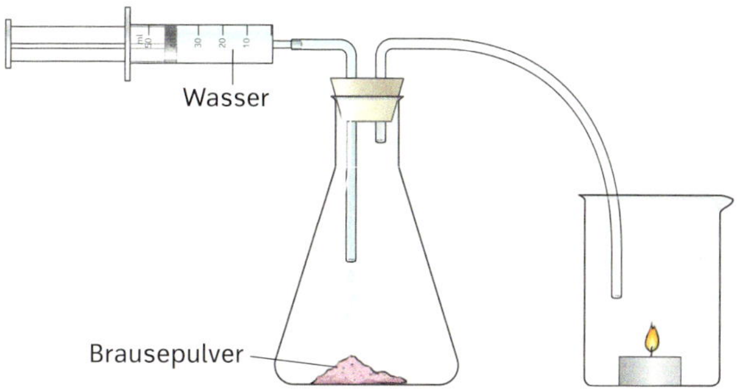

Materialien:

Durchbohrter Stopfen, Gasableitungsrohr, Becherglas (100 ml), Erlenmeyerkolben, Spritze, Teelicht; Brausepulver

Durchführung:

1 Baut die Apparatur auf. Gebt das Wasser langsam in den Erlenmeyerkolben. Filmt den Versuchsablauf.

Aufgaben:

1 Erläutert die Wirkungsweise des Feuerlöschers. ●●○

MATERIAL MIT AUFGABEN

C Fettbrand

Bei hohen Temperaturen kann sich Fett in einem Topf entzünden. Versucht man, den Brand mit Wasser zu löschen, verdampft das Wasser explosionsartig. Der Wasserdampf reißt brennende Fetttröpfchen mit. Diese setzen die Küche in Brand.

1 Nenne geeignete Löschmethoden, um einen Brand im Kochtopf zu löschen. Nenne die Vor- und Nachteile der jeweiligen Methode. ●●○

2 Notiere eine „Gebrauchsanweisung" für richtiges Verhalten. Begründe die Vorgehensweise. ●●○

Alles auf einen Blick

MERKE!

LUFT

LUFT ist ein Gasgemisch: Hauptbestandteile sind Stickstoff und Sauerstoff. Je nach Temperatur enthält Luft auch noch Wasserdampf.

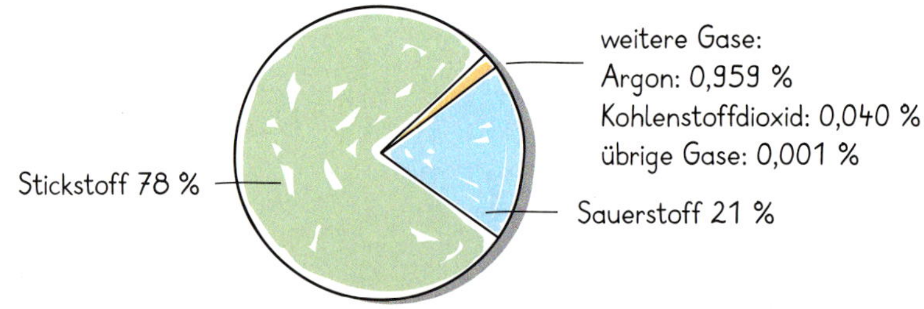

Nachweisreaktioneneaktionen

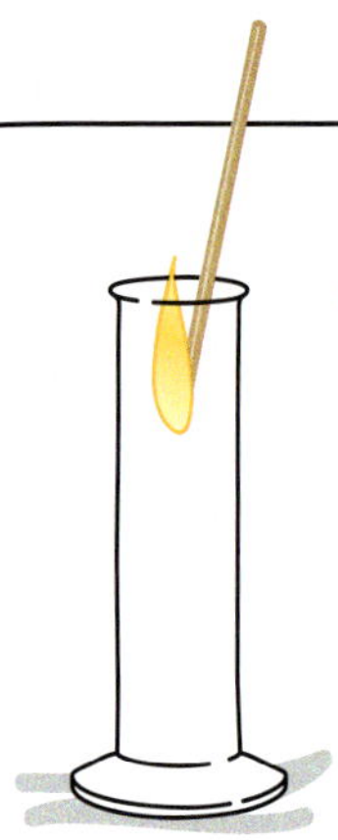

GLIMMSPANPROBE:
Ein glimmender Holzspan flammt in Sauerstoff hell auf.

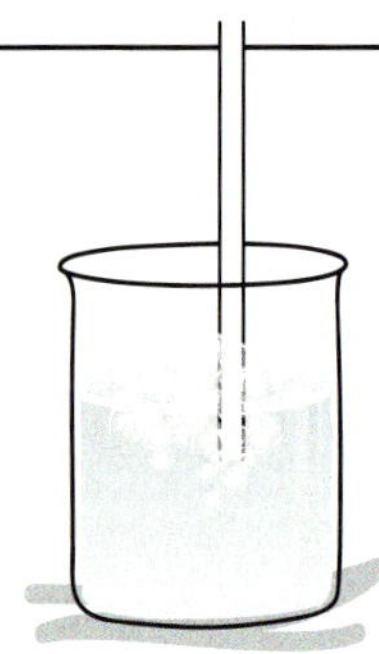

KALKWASSERPROBE:
Kohlenstoffdioxid trübt eine Lösung von Kalkwasser.

CO_2 ist Bestandteil des Kohlenstoffkreislaufs

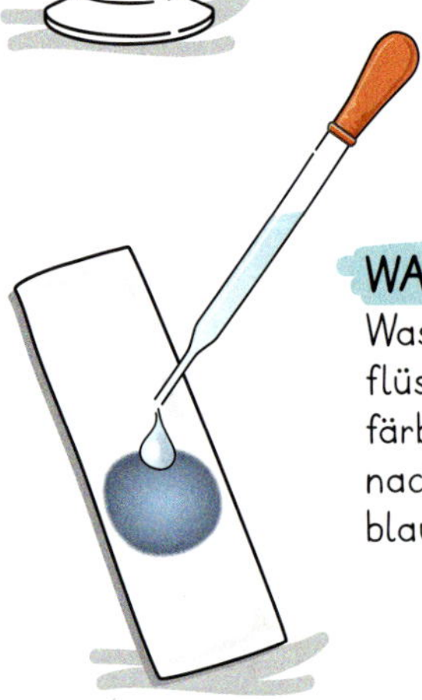

WASSERPROBE:
Wasserdampf und flüssiges Wasser färben Wasser-nachweispapier blau.

KOHLENSTOFFKREISLAUF

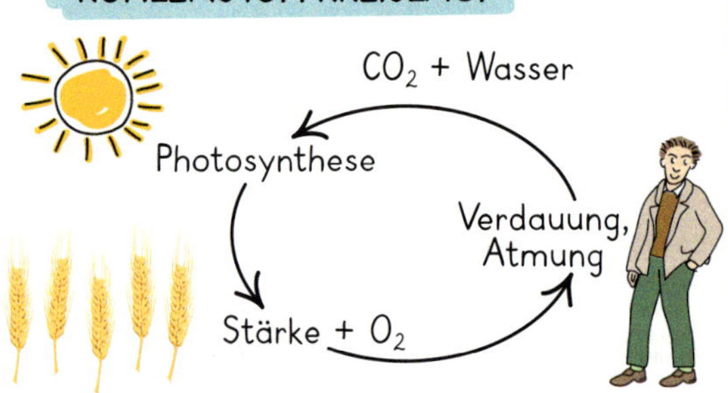

MERKE!

BRÄNDE

BRANDENTSTEHUNG:

Sauerstoff muss vorhanden sein.

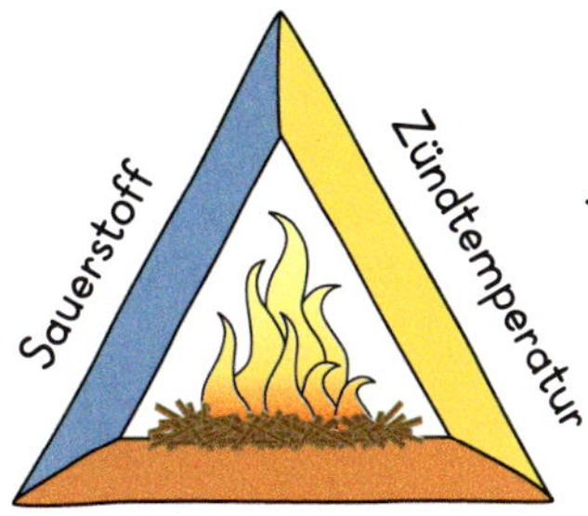

Brennstoff

Die Zündtemperatur des Brennstoffs muss überschritten werden.

Ein brennbarer Stoff muss vorhanden sein.

ZÜNDTEMPERATUR:

Temperatur, bei der sich ein Stoff von selbst entzündet.

Holz wird auf die Zündtemperatur erhitzt.

FLAMMPUNKT:

Temperatur, bei der sich eine Flüssigkeit durch einen Funken entzünden lässt.

OBERFLÄCHE:

Je größer die Oberfläche, desto besser brennt der Brennstoff.

BRANDBEKÄMPFUNG:

Ein Bestandteil des Branddreiecks muss ausgeschaltet werden. Dann erlischt der Brand:

Brennstoff entfernen.

Sauerstoffzufuhr unterbinden.

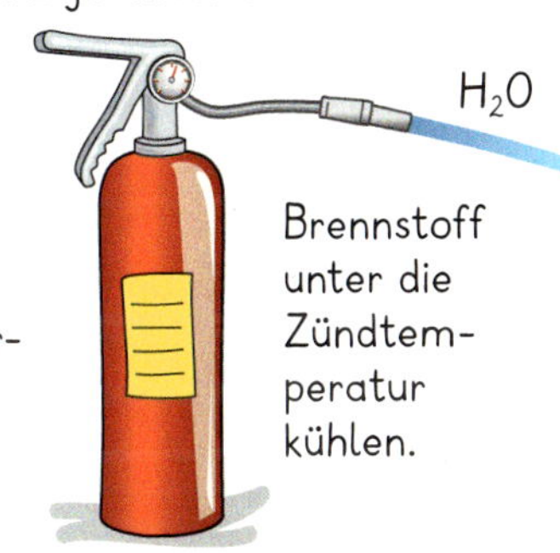

Brennstoff unter die Zündtemperatur kühlen.

Teste dich

1 Beschreibe Nachweisreaktionen für Sauerstoff und Kohlenstoffdioxid. ●○○

2 Beschreibe die Zusammensetzung der Luft. ●○○

3 Erkläre, warum bei einem brennenden Kamin die Luftzufuhr geöffnet sein muss. ●●○

4 Beschreibe mithilfe des Branddreiecks Voraussetzungen für das Entstehen von Bränden. ●●○

5 Beschreibe drei Methoden, einen Brand zu löschen. Nutze für die Antwort das Branddreieck. ●●○

6 Erläutere, welche Bedeutung die Oberfläche des Brennstoffes bei einem Brand hat. ●●○

7 Begründe, warum brennendes Fett niemals mit Wasser gelöscht werden darf. ●●○

8 Erkläre den Unterschied zwischen der Zündtemperatur und der Flammtemperatur. ●●○

9 Nach der Durchführung der Knallgasprobe beobachten man im Reagenzglas eine dünne Schicht einer farblosen Flüssigkeit. Beschreibe, wie man nachweisen kann, dass es sich dabei um Wasser handelt. ●●○

10 Begründe, warum man mit Kohlenstoffdioxidgas Brände löschen kann. ●●○

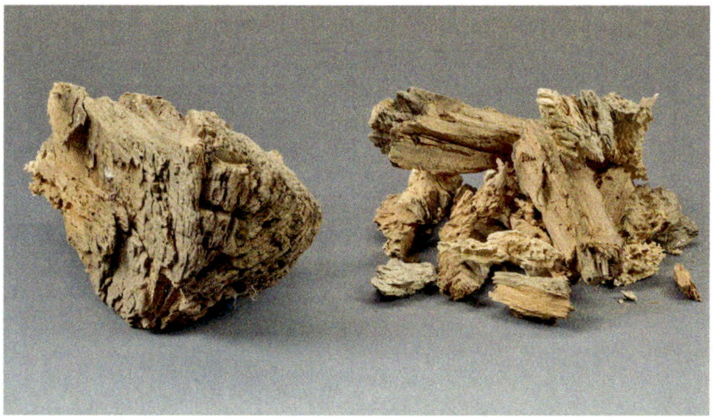

11 Auf dem Bild sieht man zwei Portionen Holz. Das Holz ist jeweils gleich gut getrocknet. Beide Holzportionen wiegen 1 kg. Beide Holzportionen werden entzündet. Stelle eine Hypothese auf, ob und wie sich die Brenndauer und die Hitzeentwicklung bei den abgebildeten Holzportionen unterscheiden werden. ●●○

12 In Schreinereien und Tischlereien wird viel Holz gesägt. Begründe, warum in diesen Betrieben ein absolutes Rauchverbot gilt. ●●○

13 Größere Waldbrände werden manchmal durch Gegenfeuer gelöscht. Erläutere diese Methode der Brandbekämpfung. ●●○

14 Löse das Rätsel, das sich hinter dem QR-Code verbirgt. ●●○

A Anzünden von Grillkohle

B Feuerpatsche

C Eignung von Löschmitteln

Brände: Großer Waldbrand, brennende Person, Fettbrand in der Küche, brennendes Auto, brennender Mülleimer in der Klasse, Brand eines elektrischen Geräts

Löschmittel: Sand, Wasser, Löschdecke oder feuerfeste Abdeckung, Pulverlöscher, Kohlenstoffdioxidlöscher, Löschschaum.

AUFGABEN

Bearbeite die Aufgaben mit Material A

1. Familien mit Kindern möchten grillen. Sie überlegen, wie sie die Grillkohle anzünden. In der Garage finden sie flüssigen Grillanzünder, Brennspiritus und Anzündwürfel. Nenne mögliche Gefahren. ●●○
2. Nenne die Bedeutung der Gefahrenpiktogramme auf den Verpackungen der beiden flüssigen Grillanzünder. ●○○
3. Bei einem Grill fängt die Kohle nicht richtig an zu glühen. Peter möchte weiteren Grillanzünder auf die schwach glühende Kohle gießen. Beurteile den Vorschlag. ●●●

Bearbeite die Aufgaben mit Material B und C

1. Die Feuerpatsche ist ein Löschmittel für kleinere Entstehungsbrände. Erkläre anhand des Branddreiecks, wie das Löschen eines Brandes mit einer Feuerpatsche funktioniert. ●●○
2. Ordne den Bränden in Material C jeweils ein Löschmittel zu. Begründe deine jeweilige Wahl des Löschmittels. ●●○
3. Bei einem Flugzeug im Landeanflug kann das Fahrgestell nicht ausgefahren werden. Die Feuerwehr wird alarmiert. Die Feuerwehrleute bedecken die Landebahn mit einem Schaumteppich. Erkläre diese Maßnahme. ●●●

1 Kran in einer Müllverbrennungsanlage

2.1 Die Masse bleibt erhalten

WES-151469-088

Robert BOYLE, irischer Naturforscher, 1627 – 1691

Jährlich fallen in deutschen Haushalten mehrere Millionen Tonnen Müll an. Um diesen riesigen Müllberg zu verkleinern, wird ein großer Teil des Mülls in Müllverbrennungsanlagen verbrannt. Doch ist der Müll nach dem Verbrennen wirklich weg?

Verbrennungsreaktionen – In Müllverbrennungsanlagen werden Verpackungsmaterialien gesammelt. Dabei handelt es sich meist um Papier, Pappe und Kunststoffe. Diese Materialien sind brennbar. Mit dem Kran werden sie in die Brennkammer der Müllverbrennungsanlage befördert. Für eine gute Verbrennung des Mülls wird zusätzlich Luft in die Brennkammer geblasen. Der Müll reagiert bei der Verbrennung mit dem Sauerstoff aus der Luft. Reaktionen mit Sauerstoff werden als **Oxidbildungen** bezeichnet. Eine Oxidbildung verläuft exotherm. Die Wärme, die an die Umgebung abgegeben wird, ist die **Verbrennungswärme.** Um die Abläufe von Verbrennungsreaktionen besser zu verstehen, wird die Verbrennung von Kohlenstoff genauer untersucht.

lat. oxygenium: Sauerstoff

Geschlossenes System – Im 17. Jahrhundert beschäftigte sich Robert BOYLE mit Verbrennungsreaktionen. Seine Versuche lassen sich im Labor nachvollziehen. Dazu werden wenig Kohlenstoff und Sauerstoff in einen Glaskolben gegeben. Der Kolben wird mit einem Stopfen dicht verschlossen. So können mit der Umgebung keine Stoffe mehr ausgetauscht werden. Der Glaskolben ist nun ein **geschlossenes System.** Zunächst wird der verschlossene Glaskolben mit dem Kohlenstoff gewogen. Die Masse beträgt 282,9 g. Dann verbrennt man den Kohlenstoff vollständig über einer Brennerflamme. Danach ist der Kohlenstoff verschwunden. Der Kolben scheint leer zu sein. Man wiegt den verschlossenen Kolben erneut. Die Masse beträgt 282,9 g. Tatsächlich bleibt die Masse bei diesem Experiment unverändert. Der Kolben erscheint leer, da bei der Reaktion nur gasförmige, farblose Produkte entstanden sind. BOYLE untersuchte weitere chemische Reaktionen. Es zeigte sich dabei, dass in geschlossenen Systemen die Gesamtmasse bei allen Reaktionen erhalten bleibt.

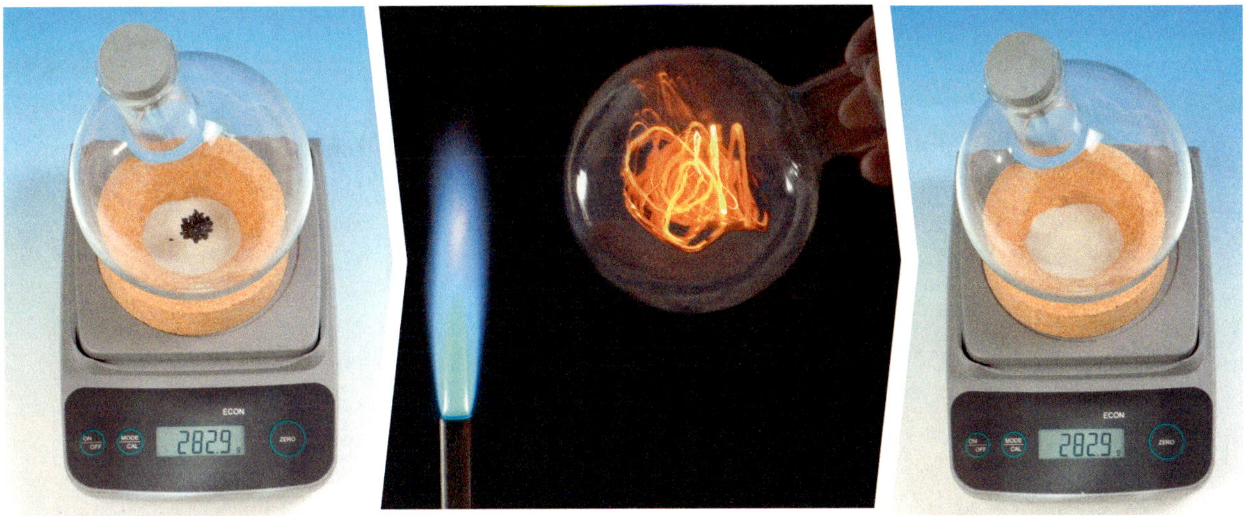

2 Verbrennung von Kohlenstoff im geschlossenen System

Massenerhaltung – Das Aufglühen des Kohlenstoffs im Glaskolben deutet darauf hin, dass Kohlenstoff und Sauerstoff miteinander reagieren. Es bildet sich Kohlenstoffdioxid. Die Edukte und das Produkt der Reaktion lassen sich modellhaft auf Teilchenebene darstellen. Viele Kohlenstoff-Atome bilden ein Gitter. Je zwei Sauerstoff-Atome bilden ein Sauerstoff-Molekül. Während der Reaktion lösen sich Kohlenstoff-Atome aus dem Gitter und bilden mit je zwei Sauerstoff-Atomen Kohlenstoffdioxid-Moleküle. Die Anzahl der Kohlenstoff-Atome und Sauerstoff-Atome ändert sich bei der Reaktion nicht. Die Atome werden nur umgruppiert. Im geschlossenen System bleibt die Anzahl der Atome erhalten. Deshalb ist auch die Gesamtmasse vor und nach der Reaktion gleich. Dies gilt für alle chemischen Reaktionen und wird als **Gesetz von der Erhaltung der Masse** bezeichnet.

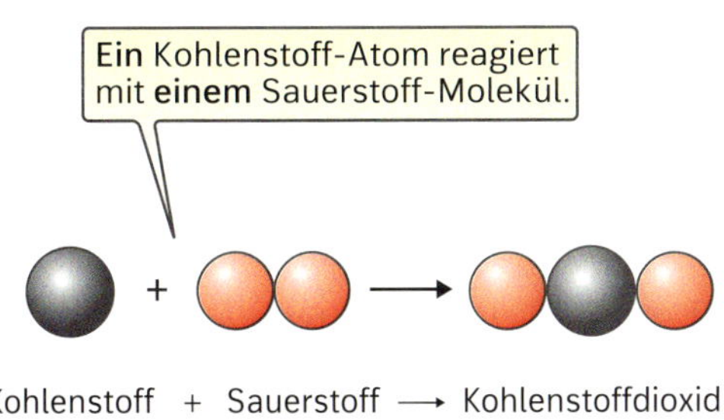

3 Bildung eines Kohlenstoffdioxid-Moleküls

MATERIAL MIT AUFGABEN

A Der Boyle-Versuch

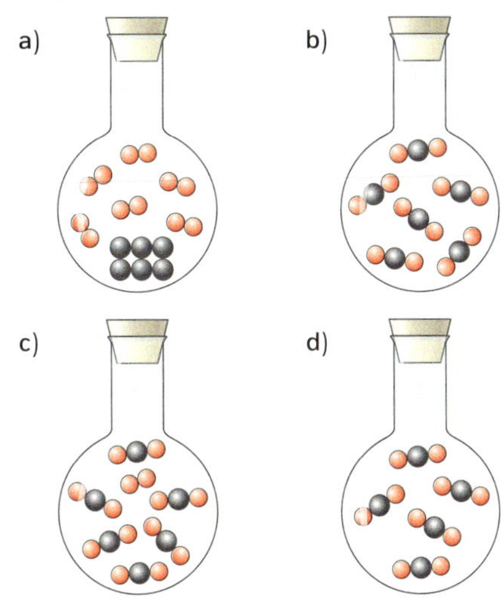

1 Erkläre, warum es sich bei den abgebildeten Rundkolben um geschlossene Systeme handelt. ●○○

2 Die Abbildung a) stellt den Zustand vor der Reaktion dar. Erkläre, welche der Abbildungen b) bis d) den Zustand nach der Reaktion richtig darstellen. ●●○

3 Zeichne die Verbrennungsreaktion auf Teilchenebene, wenn Kohlenstoff im Überschuss vorliegt. ●●○

Basiskonzept
Chemische Reaktion

Das Gesetz von der Erhaltung der Masse ist ein Grundgesetz chemischer Reaktionen.

4 Verbrennung von Eisenwolle im offenen System

PRAKTIKUM

A Verbrennungsreaktionen

Materialien:
Gasbrenner, Tondreieck, Porzellanschale, Tiegelzange; Eisendraht, Kohlenstoffpulver, Kupferpulver (GHS02, GHS09), Eisenpulver (GHS02)

Durchführung:
1 Füllt einen gehäuften Spatel Kohlenstoffpulver in einen Tiegel und bestimmt die Masse mit der Waage.
2 Erhitzt den Tiegel etwa fünf Minuten und rührt dabei mit dem Eisendraht um. Lasst den Tiegel abkühlen. Wiegt ihn im Anschluss erneut.
3 Wiederholt den Versuch mit dem Kupferpulver und dem Eisenpulver.

Aufgaben:
1 Notiert eure Beobachtungen. ●○○
2 Stellt für alle Reaktionen ein Reaktionsschema auf. ●○○
3 Erklärt die Massenänderung. ●●○

Offenes System – Verbrennt man Kohle in einem Grill, bleibt nur ein Häufchen Asche übrig. Bei der Verbrennungsreaktion entsteht gasförmiges Kohlenstoffdioxid. Das Gas entweicht in die Luft. Ein Stoffaustausch mit der Umgebung ist möglich. Der Grill ist demnach kein geschlossenes System. Die Reaktion läuft in einem **offenen System** ab. Stoffe, die wie Kohlenstoff keine Metalle sind, bilden meist gasförmige Oxide. Diese gasförmigen Produkte entweichen aus einem offenen System und werden daher nicht mitgewogen. Deshalb werden solche Stoffe beim Verbrennen scheinbar leichter.

6,04 g Eisenwolle werden abgewogen und in eine Porzellanschale gegeben. Die Eisenwolle wird mit der Brennerflamme erhitzt und glüht auf. Es bleibt ein schwarzer Stoff zurück. Seine Masse beträgt 7,62 g. Die Masse hat zugenommen. Eisen reagiert mit dem Sauerstoff aus der Luft und es entsteht festes, schwarzes Eisenoxid. Im Eisenoxid hat sich Sauerstoff aus der Luft mit dem Eisen verbunden und wird mitgewogen. Deshalb wird die Eisenwolle beim Verbrennen scheinbar schwerer. Berücksichtigt man die Massen von hinzukommenden oder abgegebenen Stoffen, gilt auch in offenen Systemen das Gesetz von der Erhaltung der Masse.

Verbrannt ist nicht vernichtet – Bei der Müllverbrennung wird ein großer Teil des Mülls in gasförmige Verbrennungsprodukte umgewandelt. In Gasreinigungsanlagen werden giftige Stoffe abgetrennt. Die restlichen Gase entweichen in die Luft. Zurück bleiben feste Verbrennungsprodukte und nicht brennbare Stoffe. Die Masse des Rückstandes ist viel geringer als die Masse des Mülls vor der Verbrennung. Die Müllverbrennung verkleinert zwar den Müllberg, führt aber zu anderen Problemen. So können nicht immer alle giftigen Abgase durch die Gasreinigung entfernt werden. Sie gelangen in die Luft. Auch der Rückstand nach der Verbrennung kann giftige Stoffe enthalten, was die Lagerung problematisch macht.

MATERIAL MIT AUFGABEN

B Müllverbrennung

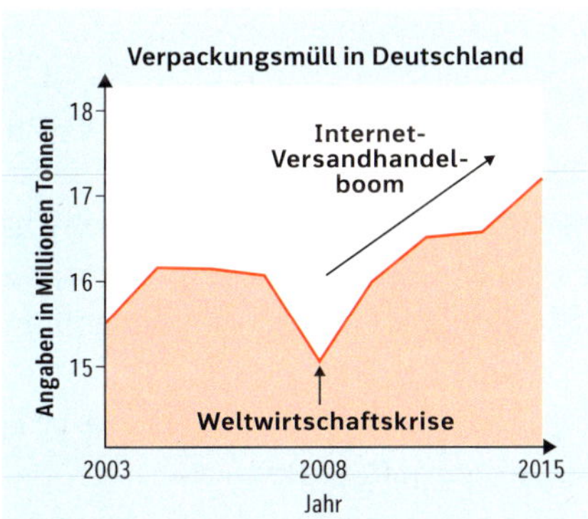

1 Beschreibe die Grafik. ●○○
2 In Deutschland leben etwa 80 Millionen Menschen. Berechne wieviel Verpackungsmüll jeder Deutsche 2015 im Durchschnitt verursacht hat. ●●○
3 Müllverbrennung ist keine ideale Lösung. Gib mögliche Alternativen an, um den anfallenden Müllberg zu verkleinern. ●●●
4 Recherchiere Informationen zu einem deiner Alternativvorschläge und stelle diesen Vorschlag mit einem Poster vor. ●●○

PRAKTIKUM

B Massenerhaltung

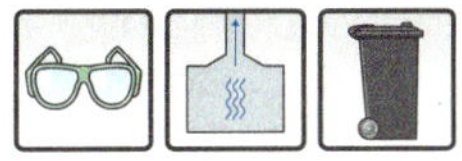

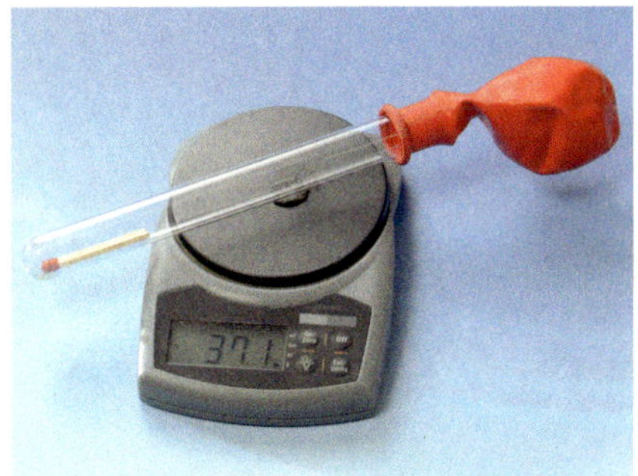

Materialien:
Gasbrenner, Reagenzgläser, Reagenzglasklammer, Luftballon, Waage; Streichhölzer

Durchführung:
1 Gebt ein Streichholz mit dem Zündköpfchen nach unten in ein Reagenzglas.
2 Wiegt das Reagenzglas mit Inhalt und notiert die Masse.
3 Haltet das Reagenzglas mit der Klammer über den Gasbrenner, bis eine sichtbare Reaktion eintritt.
4 Wiegt das Reagenzglas nach dem Abkühlen. Notiert die Masse.
5 Wiederholt den Versuch. Verschließt das Reagenzglas dabei dicht mit einem Luftballon.

Aufgaben:
1 Notiert eure Beobachtungen. ●○○
2 Vergleicht die Versuchsergebnisse beider Reaktionen innerhalb der Klasse. Begründet die Unterschiede bei den Ergebnissen im offenen und geschlossenen System. ●●○
3 Skizziert die Begründung auf Teilchenebene. Vergleicht die Skizzen untereinander. ●●●

Portionen:	8
Zutaten:	
500 g	Butter
6	Eier
500 g	Zucker
400 g	Schoko-Creme
2 Tassen	Milch
750 g	Mehl
1 Pck.	Backpulver
	Kuvertüre

Portionen:	16
Zutaten:	
1000 g	Butter
12	Eier
1000 g	Zucker
800 g	Schoko-Creme
4 Tassen	Milch
1500 g	Mehl
2 Pck.	Backpulver
	Kuvertüre

1 Portionen für ein Kuchenrezept

2.2 Gesetz der konstanten Massenverhältnisse

WES-151469-092

Der Rezeptrechner aus dem Internet macht es leicht. Ob zwei, sechs oder zwölf Portionen eines Schokocremekuchens gebacken werden sollen, es werden immer die richtigen Mengen an Zutaten vorgegeben. Dabei ist auffällig, dass die Massen und Anzahlen der Zutaten immer in einem bestimmten Verhältnis angegeben werden. Gibt es solche Massenverhältnisse auch bei chemischen Reaktionen?

Backen – Beim Kuchenbacken laufen viele chemische Reaktionen ab. Der gebackene Kuchen ist das Produkt dieser chemischen Reaktionen. In diesem Rezeptbeispiel fällt auf, dass pro 500 g Zucker immer 750 g Butter benötigt werden. Gibt man zu viel Butter hinzu, wird der Kuchen fettig und klebrig. Bei zu viel Mehl wird der Kuchen trocken und schmeckt nicht. Der Kuchen gelingt, wenn die Zutaten im richtigen Massenverhältnis zugegeben werden.

Massenverhältnisse – Um zu untersuchen, ob bei chemischen Reaktionen ebenfalls bestimmte Massenverhältnisse vorliegen, wird ein Experiment durchgeführt. 3,0 g Kohlenstoff und 10,0 g Sauerstoff werden zur Reaktion gebracht. Nach der Reaktion ist der Kohlenstoff verschwunden. Er hat vollständig reagiert. Es sind 11 g Kohlenstoffdioxid entstanden und 2 g Sauerstoff übrig geblieben. 3,0 g Kohlenstoff reagieren also mit genau 8,0 g Sauerstoff. Man spricht von einer **vollständigen Reaktion.** Nun werden die Massen verdoppelt. Aus 6 g Kohlenstoff und 16 g Sauerstoff entstehen 22 g Kohlenstoffdioxid. Kein Edukt bleibt übrig. Wie beim Kuchenbacken ist das Verhältnis der Massen der Edukte für eine vollständige Reaktion immer gleich. Bei der Reaktion von Kohlenstoff und Sauerstoff beträgt das Verhältnis 3 g C : 8 g O = 1 : 2,67. Die Masse von Sauerstoff muss also 2,67-mal so groß sein wie die Masse von Kohlenstoff. Liegt ein anderes Massenverhältnis vor, bleibt ein Rest von einem Edukt übrig. Man sagt dann, dieses Edukt liegt im Überschuss vor. Auch andere Edukte reagieren immer in ganz bestimmten Massenverhältnissen. Man spricht vom **Gesetz der konstanten Massenverhältnisse.**

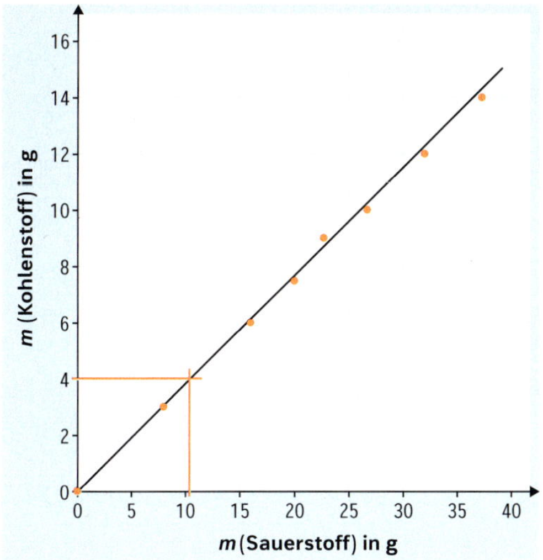

2 Bestimmung eines Massenverhältnisses

Experiment	m (Kohlenstoff)	m (Sauerstoff)	m (Kohlenstoffdioxid)
1	3,0 g	8,0 g	11,0 g
2	6,0 g	16,0 g	22,0 g
3	12,0 g	32,0 g	44,0 g
4	7,5 g	20,0 g	27,5 g
5	8,5 g	22,7 g	31,2 g
6	10 g	26,7 g	36,7 g
7	14 g	37,3 g	51,3 g

3 Eingesetzte Massen an Kohlenstoff und Sauerstoff

Massenverhältnis bestimmen – In mehreren Experimenten werden für Kohlenstoff und Sauerstoff die Massen für eine vollständige Reaktion ermittelt. Die Massen werden als Wertepaare *m* (Kohlenstoff) und *m* (Sauerstoff) in eine Tabelle eingetragen. Man kann der Tabelle zum Beispiel entnehmen, dass 10 g Kohlenstoff mit 26,7 g Sauerstoff zu 36,7 g Kohlenstoffdioxid reagieren. Das entspricht dem Massenverhältnis von Kohlenstoff zu Sauerstoff von 1 : 2,67.
Massen, die nicht in der Tabelle stehen, kann man berechnen. Die Masse an Kohlenstoff multipliziert man mit 2,67, um die Masse an Sauerstoff zu erhalten. Ist die Masse an Sauerstoff gegeben, dividiert man sie durch 2,67 und erhält so die Masse an Kohlenstoff.

Rechenbeispiel:
Mit wie viel Gramm Sauerstoff reagieren 100 g Kohlenstoff?
100 g Kohlenstoff • 2,67 = 267 g Sauerstoff

Man kann die Wertepaare aus der Tabelle auch in ein Diagramm eintragen und eine Ursprungsgerade hindurchlegen. Liest man auf der Achse für die Masse von Kohlenstoff 4,0 g ab, kann man passend dazu den Wert 10,7 g auf der Achse für die Masse von Sauerstoff ablesen. Die Hilfslinien dazu sind im Diagramm eingezeichnet.

MATERIAL MIT AUFGABEN

A Massenverhältnisse

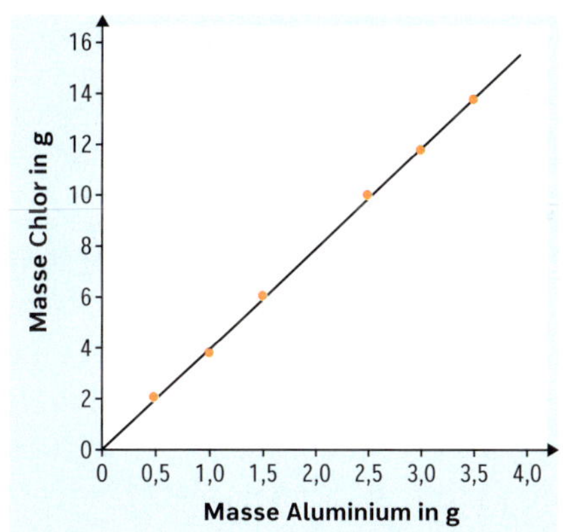

In einem Versuch reagieren verschiedene Massen von Aluminium mit Chlor zu Aluminiumchlorid ohne Reste.

1 Beschreibe das Diagramm. ●●○
2 Formuliere drei Sätze: „x g Aluminium reagieren mit y g Chlor“. ●●○
3 Bestimme das Massenverhältnis Aluminium : Chlor. ●●○
4 Berechne die Masse an Chlor, die man benötigt, wenn man 7 g Aluminium verwendet. ●●○
5 2,8 g Eisen reagieren mit 0,8 g Schwefel zu 2,2 g Eisensulfid. Berechne das Massenverhältnis. ●●○

4 1000 g Kohlenstoff und 1000 g Gummibärchen

Anzahlen bestimmen In einer Schale befinden sich 1000 g Gummibärchen. Wenn man die Anzahl der Gummibärchen bestimmen möchte, muss man nicht zählen. Man kann auch zunächst ein einzelnes Gummibärchen wiegen. Es wiegt 2,5 g. Teilt man die Gesamtmasse der Gummibärchen durch die Masse eines Gummibärchens, erhält man die Anzahl der Gummibärchen:
Anzahl der Gummibärchen = 1000 g : 2,5 g = 400. In der Schale sind also 400 Gummibärchen.

Atommassen Die Massen einzelner Atome lassen sich bestimmen. Atome sind aber so leicht, dass es keinen Sinn macht, die Massen in der Einheit Gramm anzugeben. Für Atome hat man deshalb eine eigene Masseneinheit eingeführt, das u. Das Wasserstoff-Atom, H-Atom, ist das leichteste aller Atome. Es hat eine Atommasse von 1 u. Kohlenstoff-Atome wiegen 12 u. Sauerstoff-Atome wiegen 16 u. Die Atommassen der verschiedenen Atomsorten kann man dem Periodensystem im Anhang des Buches entnehmen.

Die Bezeichnung u stammt aus dem Englischen. unit: Einheit

Atomanzahlen bestimmen Die abgebildete Stoffportion Kohlenstoff wiegt 1000 g. Wenn man die Anzahl der Kohlenstoff-Atome in der Stoffportion bestimmen möchte, kann man zunächst recherchieren, wie schwer ein einzelnes Kohlenstoff-Atom ist. Ein Blick in das Periodensystem zeigt: Es wiegt 12 u. Teilt man die Gesamtmasse der Kohlenstoffportion durch die Masse eines Kohlenstoff-Atoms, erhält man die Anzahl der Kohlenstoff-Atome.

Basiskonzept Stoff – Teilchen

Aus der Masse einer Stoffportion kann man die Anzahl der enthaltenen Teilchen berechnen.

Anzahl der Kohlenstoff-Atome:
$1000\ g : 12\ u = 83{,}33\ \frac{g}{u}$

In der Stoffportion sind also $83{,}33\ \frac{g}{u}$ Kohlenstoff-Atome enthalten.

Verhältnisformel 1 g Kohlenstoff reagiert mit 2,67 g Sauerstoff. Die Anzahlen der Kohlenstoff-Atome $n(C)$ und der Sauerstoff-Atome $n(O)$ betragen:
$n(C) = 1\ g : 12\ u = 0{,}083\ \frac{g}{u}$.
$n(O) = 2{,}67\ g : 16\ u = 0{,}167\ \frac{g}{u}$

Teilt man die Anzahl Kohlenstoff-Atome durch die Anzahl Sauerstoff-Atome, erhält man $0{,}083\ \frac{g}{u} : 0{,}167\ \frac{g}{u} = 0{,}5 = \frac{1}{2} = 1 : 2$

In dem Reaktionsprodukt sind doppelt so viele Sauerstoff-Atome wie Kohlenstoff-Atome enthalten. Man notiert das Anzahlenverhältnis hinten den Elementsymbolen als tiefgestellte Zahlen: C_1O_2. Eine 1 lässt man in der Regel weg und schreibt kurz CO_2. Es handelt sich bei dem Reaktionsprodukt um den Stoff Kohlenstoffdioxid. Die Darstellung CO_2 nennt man **Verhältnisformel.**

B Aluminiumsulfid

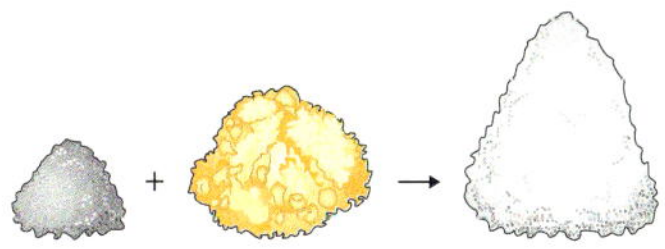

100 g Aluminium + 178,24 g Schwefel → 278,24 g Aluminiumsulfid

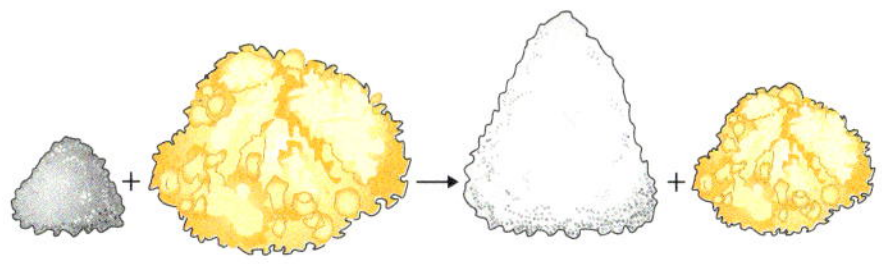

100 g Aluminium + 350 g Schwefel → 278,24 g Aluminiumsulfid + 171,76 g Schwefel (übrig)

1 Beschreibe den Versuch und die Versuchsergebnisse. ●○○
2 Erkläre die Versuchsergebnisse. ●●○
3 Berechne, wie viel Aluminiumsulfid man mit 250 g Aluminium erhalten könnte. ●●○
4 Berechne, wie viel Aluminium man umsetzen müsste, wenn man 500 g Aluminiumsulfid erhalten wollte. ●●○
5 Ermittle die Verhältnisformel für Aluminiumsulfid. ●●●
6 Erläutere, inwiefern das Ergebnis des abgebildeten Experimente mit dem Gesetz von der Erhaltung der Masse übereinstimmt. ●●○

C Verhältnisformeln I

Verbindung	Elemente	Massenverhältnis
Kupferoxid (schwarz)	Cu : O	4 : 1
Kupferoxid (rot)	Cu : O	8 : 1
Eisensulfid	Fe : S	7 : 8
Quecksilberoxid	Hg : O	25 : 2
Kohlenstoffdioxid	C : O	3 : 8
Wasser	H : O	2 : 16

1 Ermittle für die Massenverhältnisse die Verhältnisformeln. ●●○
2 Natriumchlorid hat das Anzahlverhältnis 1:1. Ermittele für diese Verbindung das Massenverhältnis. ●●○
3 Gib jeweils die Massen an Sauerstoff an, die in 100 g schwarzem Kupferoxid, Quecksilberoxid und Wasser enthalten sind. ●●○
(4) Erkläre, ob der Kupfergehalt in 100 g schwarzem Kupferoxid oder in 100 g rotem Kupferoxid höher ist und berechne die jeweiligen Massen an Kupfer. ●●○

D Verhältnisformeln II

m (Magnesium)	*m* (Fluor)	*m* (Magnesiumfluorid)
1 g	1,56 g	2,56 g
5 g	7,82 g	12,82 g
8 g	12,51 g	20,51 g
15 g	19,50 g	34,50 g
24,3 g	38,00 g	52,30 g

1 Zeichne ein Diagramm. Trage die Werte für Fluor an der y-Achse und die für Magnesium an der x-Achse auf. ●●○
2 Ermittle das Massenverhältnis von Magnesium und Fluor. ●●○
3 Ermittle die Verhältnisformel für Magnesiumfluorid. ●●○
4 Bestimme die Masse an Fluor, die mit 100 g Magnesium reagiert. ●●○

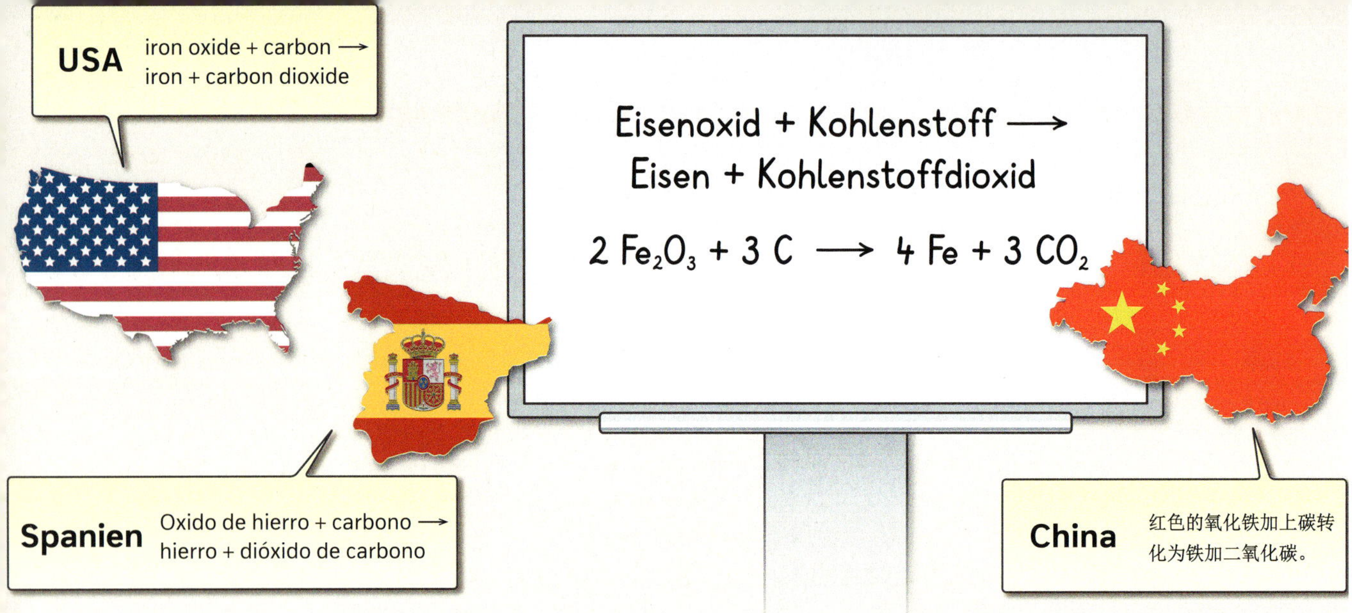

1 Reaktionsgleichungen vermeiden Sprachverwirrungen.

2.3 Reaktionsgleichungen

WES-151469-096

Ein Gemisch aus Eisenoxid und Kohlenstoff kann man durch Erhitzen zur Reaktion bringen. Dabei entstehen Eisen und Kohlenstoffdioxid. Die Wörter zur Beschreibung dieser chemischen Reaktion sind in verschiedenen Sprachen unterschiedlich. Wie kann man eine chemische Reaktion so notieren, dass sie in allen Sprachen verständlich ist?

Reaktionsschema – Eisenoxid und Kohlenstoff reagieren zu Eisen und Kohlenstoffdioxid. Ein Reaktionsschema ist die Kurzform dieser Reaktionsbeschreibung. Es enthält die Namen der Edukte und der Produkte. Ein Pfeil zwischen den Edukten und Produkten steht für die Formulierung *reagieren zu*.

Eisenoxid + Kohlenstoff →
Eisen + Kohlenstoffdioxid

Man liest: Eisenoxid und Kohlenstoff reagieren zu Eisen und Kohlenstoffdioxid. Aus einem Reaktionsschema können jedoch nur die Edukte und die Produkte abgelesen werden. Weitere Informationen liefert das Reaktionsschema nicht.

Reaktionsgleichung – Chemische Formeln sind in allen Sprachen gleich. Man ersetzt zunächst im Reaktionsschema die Stoffnamen durch die Formeln. Kohlenstoff hat das Elementsymbol C, Eisen hat das Elementsymbol Fe. Die Formel für Eisenoxid ist Fe_2O_3, die Formel für Kohlenstoffdioxid ist CO_2. Bei chemischen Reaktionen werden Atome lediglich umgruppiert. Es kommen keine neuen Atome hinzu und es verschwinden auch keine Atome. Deshalb müssen links vom Reaktionspfeil genauso viele Fe-Atome, C-Atome und O-Atome stehen wie rechts vom Reaktionspfeil. Chemische Formeln wie Fe_2O_3 und CO_2 darf man nicht verändern. Daher schreibt man Koeffizienten vor die Formeln, um die Anzahlen der Atome auszugleichen. Man nennt dies eine **Reaktionsgleichung:**

$2\ Fe_2O_3 + 3\ C \rightarrow 4\ Fe + 3\ CO_2$

Die Formeln werden mit den Koeffizienten multipliziert: $2\ Fe_2O_3$ bedeutet $2 \cdot (Fe_2O_3)$. Auf beiden Seiten der Reaktionsgleichung befinden sich also jeweils 4 Fe-Atome, 6 O-Atome und 3 C-Atome.

MATERIAL MIT AUFGABEN

A Reaktionsgleichungen aufstellen

1. Reaktionsschema erstellen

Eisenoxid + Kohlenstoff ⟶ Eisen + Kohlenstoffdioxid

2. Stoffnamen durch Formeln ersetzen

$Fe_2O_3 + C \longrightarrow Fe + CO_2$

3. Ausgleichen der Atomanzahlen durch Koeffizienten

Links stehen 2 Eisen-Atome, rechts nur 1. Deshalb schreibe ich rechts eine 2 vor die Formel für Eisen.

$Fe_2O_3 + C \longrightarrow 2\ Fe + CO_2$

Links stehen 3 Sauerstoff-Atome, rechts nur 2. Da ich die Formeln nicht verändern darf, muss ich Koeffizienten vor die Formeln schreiben: Eine 2 vor das Eisenoxid und eine 3 vor das Kohlenstoffoxid.

$2\ Fe_2O_3 + C \longrightarrow 2\ Fe + 3\ CO_2$

Jetzt habe ich auf beiden Seiten 6 Sauerstoff-Atome. Aber die Zahl der Eisen-Atome stimmt nicht mehr überein. Ich muss auch auf der rechten Seite 4 Eisen-Atome haben.

$2\ Fe_2O_3 + C \longrightarrow 4\ Fe + 3\ CO_2$

Jetzt muss ich noch die Zahl der Kohlenstoff-Atome berücksichtigen: Ich muss links auch 3 Kohlenstoff-Atome haben.

$2\ Fe_2O_3 + 3\ C \longrightarrow 4\ Fe + 3\ CO_2$

Die Anzahl der einzelnen Atomsorten sind jetzt auf beiden Seiten gleich. Geschafft!

1 Kupfer reagiert mit Schwefel zu Kupfersulfid. Stelle das Reaktionsschema auf. ●○○

2 Stelle zu der Reaktion von Kupfer mit Schwefel zu Kupfersulfid, Cu_2S, die Reaktionsgleichung auf. Orientiere dich an der Reaktion von Eisenoxid mit Kohlenstoff. ●●○

3 Überprüfe bei den Reaktionsgleichungen die Anzahlen der Atomsorten links und rechts und ergänze, falls erforderlich, Koeffizienten. ●●○

$Ag_2S + Zn \rightarrow ZnS + Ag$

$Mg + CO_2 \rightarrow MgO + C$

$CuO + C \rightarrow Cu + CO_2$

$Al + O_2 \rightarrow Al_2O_3$

4 Beurteile, ob die Formeln für Ananas den Regeln der chemischen Symbolsprache entsprechen. ●●○

Methan + Sauerstoff ⟶ Kohlenstoffdioxid + Wasser; exotherm

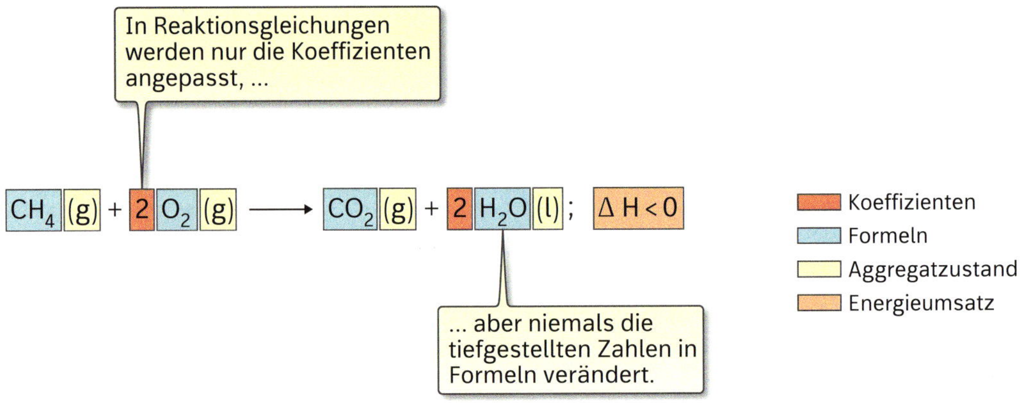

2 Reaktionsschema und Reaktionsgleichung

Reaktionsenergie – Methan ist ein brennbares Gas. Es kommt in der Natur unter anderem im Erdgas vor. Es hat die Formel CH_4. Bei der Verbrennung reagiert Methan mit Sauerstoff zu Kohlenstoffdioxid und Wasser. Dabei wird Energie frei, es handelt sich um eine exotherme Reaktion. In einem Reaktionsschema oder einer Reaktionsgleichung können auch Informationen zum Energieumsatz, endotherm oder exotherm, vermerkt werden.

Symbolschreibweise – Subtrahiert man die Energie der Edukte von der Energie der Produkte, so erhält man die Energiedifferenz. Die Energiedifferenz zwischen der Energie der Produkte und der Energie der Edukte entspricht der **Reaktionsenergie**. In Reaktionsgleichungen wird die Reaktionsenergie oft durch das Symbol ΔH angegeben. Der Buchstabe H steht für heat, den englischen Begriff für Wärme. Das Symbol Δ steht für Differenz. Bei exothermen Reaktionen wird Energie frei. Nach der Reaktion ist weniger Energie in den Stoffen gespeichert als vor der Reaktion. In diesem Falls ist ΔH negativ, man schreibt $\Delta H < 0$. Bei endothermen Reaktionen wird Energie von den Stoffen aufgenommen. Nach der Reaktion ist mehr Energie in den Stoffen gespeichert als vor der Reaktion. In diesem Fall ist ΔH positiv, man schreibt $\Delta H > 0$.

Δ: griechischer Buchstabe Delta

ΔH: Man spricht: Delta-Ha

exotherme Reaktion: $\Delta H < 0$

endotherme Reaktion: $\Delta H > 0$

	Symbol (englisch/deutsch)
fest	s (solid/fest)
flüssig	l (liquid/flüssig)
gasförmig	g (gaseous/gasförmig)
wässrige Lösung	aq (aqueous/wässrig)

3 Zustände und ihre Symbole

Aggregatzustände – Reaktionsgleichungen beschreiben eine chemische Reaktion in Kurzform. Neben Informationen zu den beteiligten Stoffen und dem Energieumsatz ist es manchmal auch wichtig zu wissen, in welchen Aggregatzuständen die Stoffe vorliegen. Man unterscheidet die Aggregatzustände fest, flüssig und gasförmig. In Reaktionsgleichungen werden die Aggregatzustände mit Symbolen gekennzeichnet und hinter der chemischen Formel in Klammern vermerkt. Ein kleines s steht für fest, ein kleines l für flüssig und ein kleines g steht für gasförmig.
Bei vielen Reaktionen liegen Stoffe in wässriger Lösung vor. Für diese gelösten Stoffe kann man keinen Aggregatzustand angeben. Man verwendet hier die Bezeichnung aq. Dieses Symbol steht für aqueous, den englischen Begriff für *wässrig*. Es bedeutet, dass der Stoff in Wasser gelöst vorliegt.

MATERIAL MIT AUFGABEN

B Reaktionsgleichungen aufstellen

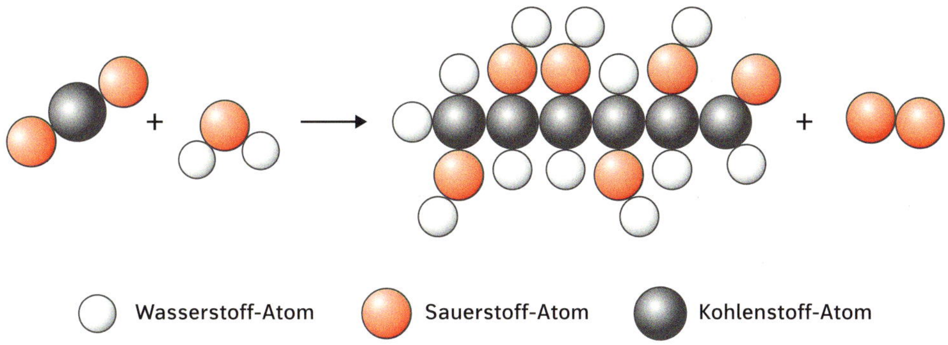

Grüne Pflanzen betreiben Fotosynthese. Dies ist ein biochemischer Vorgang. Unter dem Einfluss von Sonnenlicht wird hierbei aus Kohlenstoffdioxid und Wasser der Stoff Glucose produziert. Glucose wird auch Traubenzucker genannt. Glucose ist ein Stoff, der viel Energie enthält. Die Glucose dient vielen Organismen als Nährstoff. Bei der Bildung von Glucose entsteht außerdem Sauerstoff.

1 Benenne die Edukte und Produkte der beschriebenen Reaktion. ●○○
2 Formuliere das Reaktionsschema. ●○○
3 Übersetze das Reaktionsschema in eine Reaktionsgleichung. Ermittle dazu aus dem Modell die Formeln für die Edukte und Produkte und ergänze dann die fehlenden Koeffizienten. ●●○
4 Ergänze die Aggregatzustände und den Energieumsatz. ●●○

C Verbrennungsreaktionen

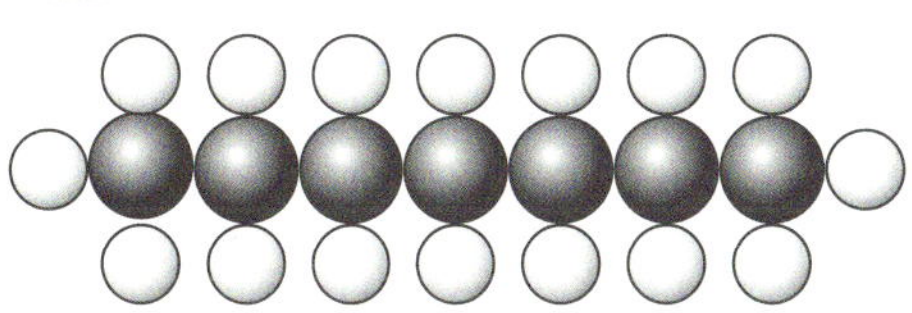

Heptan-Molekül

1 Bei der Verbrennung von Heptan reagiert Heptan mit Sauerstoff zu Kohlenstoffdioxid und Wasser. Erstelle die Reaktionsgleichung für die Verbrennung von Heptan. ●○○
2 Als Reaktionsgleichung für die Verbrennung von Propanol, C_3H_8O, erhält ein Schüler folgendes Ergebnis:
$C_3H_8O + 5\,O_2 \rightarrow 3\,CO_2 + 4\,H_2O$
Überprüfe die Reaktionsgleichung und korrigiere gegebenenfalls. ●●○

D Anlaufen von Silber

Eier sollte man nicht mit Silberlöffeln essen, da sich dann nach einiger Zeit ein schwarzer Belag aus Silbersulfid bildet. Beim Eierkochen entsteht gasförmiger Schwefelwasserstoff, H_2S, der mit dem Silber, Ag, und mit dem Sauerstoff aus der Luft reagiert. Dabei entstehen Wasser und schwarzes Silbersulfid, Ag_2S.

1 Stelle die Reaktionsgleichung für die Bildung von Silbersulfid auf. ●●●

Alles auf einen Blick

MERKE!

CHEMISCHE GRUNDGESETZE

GESETZ VON DER ERHALTUNG DER MASSE:

Bei allen chemischen Reaktionen gilt:

Masse der Edukte = Masse der Produkte. Die Masse bleibt erhalten.

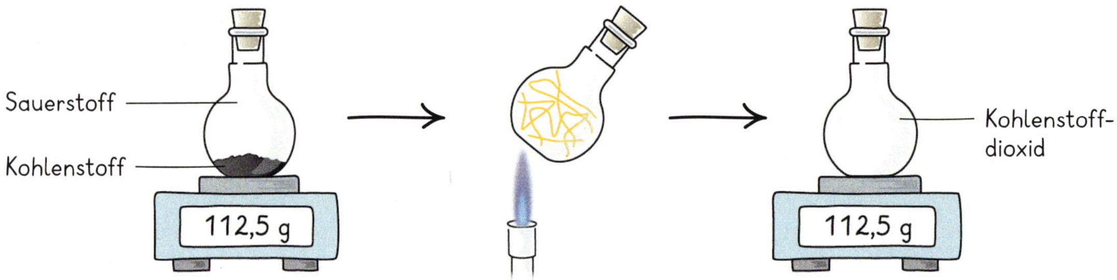

Eine Begründung liefert das Atommodell

ATOMMODELL:

Bei chemischen Reaktionen werden Atome nur umgruppiert, aber nicht erzeugt oder vernichtet.

⇒ **Keine Änderung der Masse**

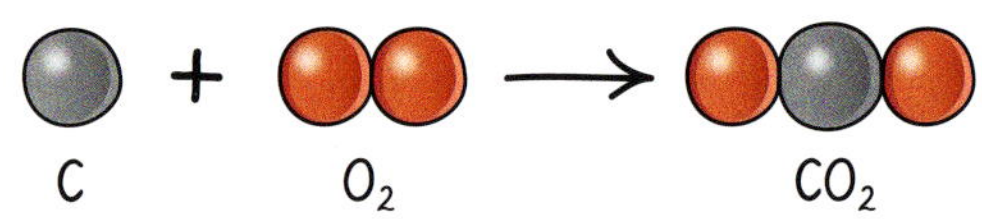

GESCHLOSSENES SYSTEM:

Kein Stoffaustausch mit der Umgebung möglich.

OFFENES SYSTEM:

Stoffaustausch mit der Umgebung möglich. Sind Gase beteiligt, kann sich die Masse scheinbar verändern.

MÜLLVERBRENNUNG:

Aus dem Müll werden Verbrennungsgase und Rückstände. Die Gesamtmasse bleibt gleich.

MERKE!

GESETZ DER KONSTANTEN MASSENVERHÄLTNISSE:

Edukte reagieren immer in ganz bestimmten Massenverhältnissen miteinander:

$3\ g\ C + 8\ g\ O_2$ $3 : 8 = 1 : 2{,}67$

$\cdot 2$

$6\ g\ C + 16\ g\ O_2$ $6 : 16 = 1 : 2{,}67$

Kohlenstoff und Sauerstoff reagieren immer im Massenverhältnis 1 : 2,67. Wählt man ein anderes Massenverhältnis, bleibt ein Edukt übrig.

↓ Aus dem Massenverhältnis kann man die Verhältnisformel ermitteln.

ANZAHL DER ATOME:

Masse der Stoffportion : Masse eines Atoms

C-Atome: 3 g : 12 u = 0,25 g/u

O-Atome: 8 g : 16 u = 0,50 g/u

VERHÄLTNISFORMEL:

Anzahl C-Atome : Anzahl O-Atome

0,25 : 0,50 = 1 : 2 ⟹ C_1O_2, kurz CO_2

↓ Mit Verhältnisformeln kann man Reaktionsgleichungen aufstellen.

REAKTIONSGLEICHUNGEN:

$2\ Fe_2O_3\ (s) + 3\ C\ (s) \longrightarrow 4\ Fe\ (s) + 3\ CO_2\ (g)$ exotherm

- Koeffizienten
- Formeln
- Zustand
- Energieumsatz

$2\ Fe_2O_3\ (s) + 3\ C\ (s) \longrightarrow 4\ Fe\ (s) + 3\ CO_2\ (g)$

2 • 2 = 4 Fe-Atome	4 Fe-Atome
2 • 3 = 6 O-Atome	3 • 2 = 6 O-Atome
3 C-Atome	3 C-Atome

In Reaktionsgleichungen müssen links und rechts vom Reaktionspfeil immer die gleichen Anzahlen der einzelnen Atomsorten stehen.

Teste dich

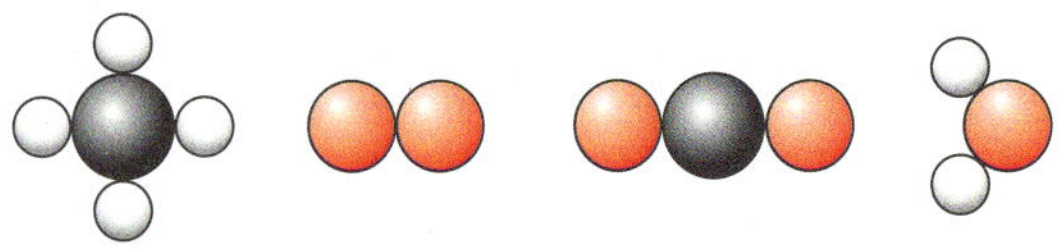

: Sauerstoff-Atom : O
: Kohlenstoff-Atom : C
: Wasserstoff-Atom : H

1 Bei der Verbrennung von Methan, CH_4, treten die oben abgebildeten Teilchen auf. Die Anzahlen der Teilchen stimmen aber noch nicht. Ermittle das Reaktionsschema und die Reaktionsgleichung. ●●○

2 Formuliere das Gesetz von der Erhaltung der Masse. ●○○

3 Formuliere das Gesetz der konstanten Massenverhältnisse. ●●○

4 In einem verschlossenen Kolben befanden sich am Anfang Kohlenstoffpulver und Sauerstoffgas. Das Kohlenstoffpulver wurde stark erhitzt, bis es aufglühte. Die folgenden Abbildungen zeigen modellhaft auf der Teilchenebene die Situationen nach der Reaktion. Skizziere die Situationen vor der Reaktion und begründe, ob sich die Gesamtmasse bei den Reaktionen geändert hat. ●●○

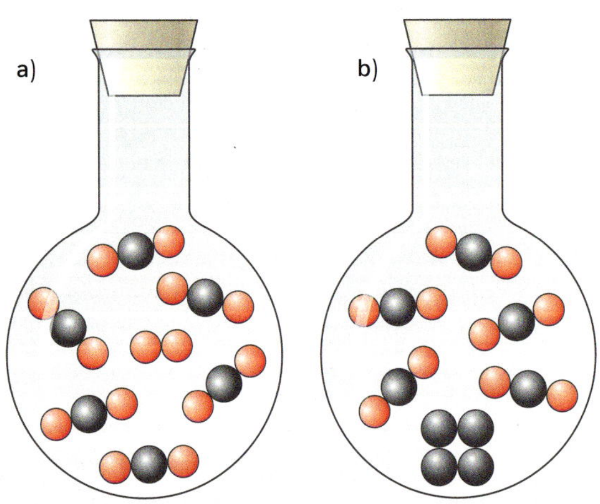

5 3 g Kohlenstoff reagieren mit 8 g Sauerstoff zu 11 g Kohlenstoffdioxid. Stelle eine Hypothese auf, welche Masse Kohlenstoffdioxid man erhält, wenn man 7,5 g Kohlenstoff mit ausreichend Sauerstoff reagieren lässt. ●●○

6 Erkläre die Bedeutung der Verhältnisformel Al_2S_3. ●●○

7 Eine Porzellanschale mit einem Holzkohlestückchen wird auf eine Waage gestellt. Dann wird das Holzkohlestücken entzündet. Stelle eine Hypothese zu den zu erwartenden Versuchsbeobachtungen auf. ●●○

8 Erkläre den Begriff Reaktionsenergie. ●●○

9 Silberoxid hat die Verhältnisformel Ag_2O. Wenn man Silberoxid mit Kohlenstoff erhitzt, erhält man Kohlenstoffdioxid und Silber. Stelle Reaktionsschema und Reaktionsgleichung auf. ●●○

10 Überprüfe bei der Reaktionsgleichung die Anzahlen der Atomsorten links und rechts. Ergänze, falls erforderlich, Koeffizienten:
$Ag_2O + Al \rightarrow Ag + Al_2O_3$ ●●○

11 Löse das Rätsel, das sich hinter dem QR-Code verbirgt. ●●○

A Massenzunahme durch Verbrennung

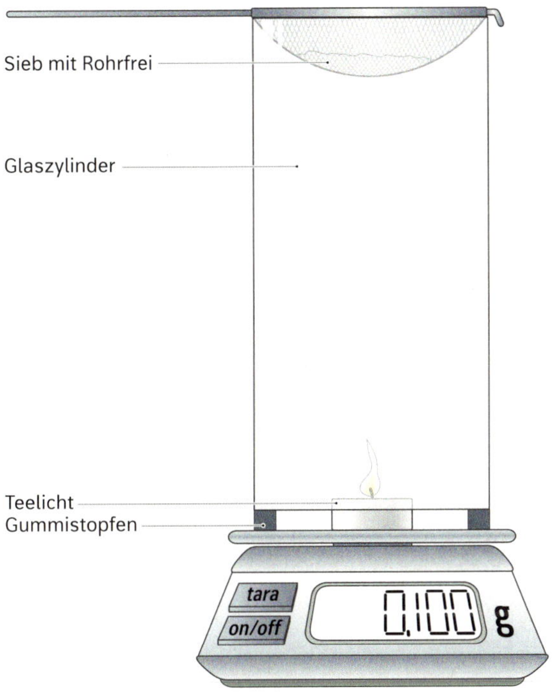

Rohrfrei enthält Stoffe, die Kohlenstoffdioxid und Wasser binden.

B Brennendes Metall

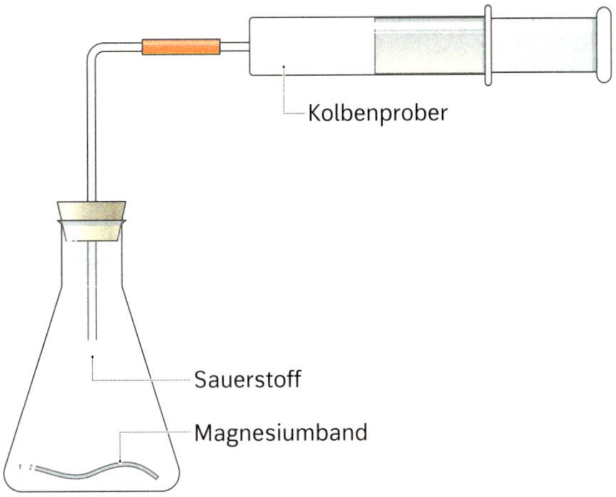

In den Erlenmeyerkolben werden 0,3 g Magnesiumband gegeben. Ein Kolbenprober und der Erlenmeyerkolben werden mit Sauerstoff gefüllt und luftdicht miteinander verbunden. Vor dem Versuch steht der Stempel im Kolbenprober bei 500 ml. Das Magnesium wird entzündet und verbrennt vollständig. Es entsteht ein weißes Pulver, Magnesiumoxid. Nach dem Abkühlen der Apparatur zeigt der Stempel ein Volumen von 352 ml an.

AUFGABEN

Bearbeite die Aufgaben mit Material A

1. Beschreibe die abgebildete Apparatur. ●○○
2. In der oben abgebildeten Apparatur wird ein Teelicht entzündet. Nach zehn Minuten hat die Masse um 100 mg zugenommen. Erkläre das Versuchsergebnis. ●●○
3. In einem Kontrollexperiment wurde die Apparatur auf eine Waage gestellt. Das Teelicht wurde bei diesem Kontrollexperiment nicht entzündet. Nach 10 Minuten hat die Masse um 30 mg zugenommen. Erkläre das Ergebnis und die Bedeutung des Kontrollexperimentes. ●●○

Bearbeite die Aufgaben mit Material B

1. Erkläre das Versuchsergebnis. ●●○
2. Der Erlenmeyerkolben wird mit dem Magnesiumband vor und nach der Reaktion gewogen. Er ist nach der Reaktion um 0,2 g schwerer. Erkläre das Ergebnis. ●●○
3. Ermittle die Verhältnisformel von Magnesiumoxid aus den Versuchsergebnissen. Recherchiere dazu die Massen von Magnesium-Atomen und Sauerstoff-Atomen im Periodensystem im Anhang des Buches. ●●○

Metalle und Metallgewinnung

Dieses Kapitel hat folgenden Inhalt:

Quecksilber ist das einzige Metall, das bei Raumtemperatur flüssig ist.

1 Vielfältiger Einsatz von Metallen in der Küche

1.1 Metalle und ihre Eigenschaften

WES-151469-106

Zum Erwärmen von Nudeln wird ein Kochtopf verwendet. Er besteht hauptsächlich aus Eisen. In Konservendosen aus Aluminium werden Tomaten aufbewahrt. Trotz unterschiedlicher Verwendung zeigen Eisen und Aluminium ähnliche Eigenschaften. Sie gehören daher der Gruppe der Metalle an. Welche Eigenschaften haben Metalle? Was macht sie für verschiedene Anwendungen geeignet?

Eigenschaften – Erwärmt man einen Kochtopf aus Metall auf einer Herdplatte, wird er heiß. Die Wärme der Platte wird dabei rasch auf den Topf und das Essen übertragen. Metalle sind gute **Wärmeleiter.** Das Gehäuse der Herdplatten ist mit Chrom überzogen. Das erkennt man an der glänzenden Oberfläche. Dies wird als **metallischer Glanz** bezeichnet und ist eine typische Eigenschaft der Metalle. Silber wird deshalb oft zur Herstellung von Besteck oder von Schmuckstücken eingesetzt. Das rot glänzende Kupfer wird zur Herstellung von elektrischen Leitungen verwendet, da Metalle eine besonders hohe **elektrische Leitfähigkeit** besitzen. Fast alle Metalle sind **Feststoffe** und schmelzen erst bei hohen Temperaturen. Dünn ausgewalztes Aluminium lässt sich besonders leicht verbiegen und wird deswegen zur Herstellung von Verpackungsmaterial eingesetzt. Metalle sind **verformbar,** ohne dass sie zerbrechen. Alle Metalle besitzen die beschriebenen Eigenschaften. Allerdings sind sie abhängig vom Metall verschieden stark ausgeprägt.

Legierungen – Vermischt man Kupfer und Zink im geschmolzenen Zustand, entsteht goldfarbenes Messing. Auch als Feststoff ist Messing ein homogenes Gemisch. Solche homogenen Gemische von unterschiedlichen Metallen bezeichnet man als **Legierungen.** Legierungen haben andere Eigenschaften als die reinen Metalle. Messing ist härter als Kupfer. Aus Messing werden zum Beispiel Griffe für Schränke gefertigt. Die Verwendung der Metalle hängt von den Eigenschaften ab. Die Eigenschaften der Legierungen kann man durch verschiedene Anteile der Metalle einstellen und für die jeweilige Anwendung anpassen.

Leicht- und Schwermetalle – Zwei gleich große Kochtöpfe aus Kupfer und Aluminium werden gewogen. Die beiden Töpfe haben unterschiedliche Massen. Der Kochtopf aus Aluminium ist leichter. Aluminium ist ein bekanntes Beispiel für ein Metall mit einer geringen Dichte. Metalle mit einer Dichte unter 5 $\frac{g}{cm^3}$ werden als **Leichtmetalle** bezeichnet. Die Dichte des Metalls Kupfer ist größer als 5 $\frac{g}{cm^3}$. Bei solchen Metallen handelt es sich um **Schwermetalle.** Zu den Schwermetallen zählen zudem Gold und Silber. Anhand der Dichte kann man verschiedene Metalle in Leicht- und Schwermetalle einteilen.

2 Metallwürfel mit einem Volumen von 1 cm^3

Nichtmetalle – Neben der Gruppe der Metalle gibt es eine Reihe von Stoffen, die nicht die Eigenschaften der Metalle haben. Beim Erwärmen des Kochtopfes auf der Herdplatte wird nur der Topf heiß. Die Griffe am Topf bleiben hingegen kühl. Sie bestehen aus Holz. Holz hat im Vergleich zum Metall eine geringe Wärmeleitfähigkeit. Daher lässt sich der heiße Topf an den Griffen hochheben, ohne dass man sich verbrennt. Die Griffe weisen zudem keinen metallischen Glanz auf. Stoffe, die nicht die typischen Eigenschaften der Metalle zeigen, werden als **Nichtmetalle** bezeichnet. Holz zählt somit zu den Nichtmetallen. Die Ummantelungen von Stromkabeln bestehen aus Kunststoff. Kunststoff weist keine elektrische Leitfähigkeit auf. Kunststoff lässt sich damit ebenfalls den Nichtmetallen zuordnen. Kochsalz ist ein Feststoff und liegt in Form von kleinen Kristallen vor. Kochsalz hat eine hohe Schmelztemperatur. Im festen Aggregatzustand leitet Kochsalz den elektrischen Strom nicht. Beim Kochsalz handelt es sich somit ebenfalls um kein Metall. Wird Kochsalz in Wasser gelöst, leitet die Lösung den elektrischen Strom. Stoffe, die die Eigenschaften des Kochsalzes zeigen, bezeichnet man als **Salze.**

PRAKTIKUM

A Metall oder Nichtmetall?

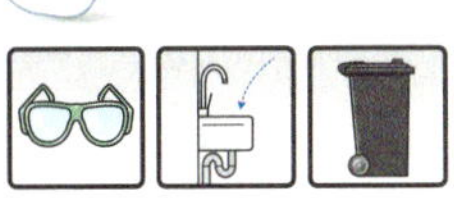

Materialien:
Waage, Messzylinder (100 ml), Batterie, Petrischalen, LED, Kabel, vier Krokodilklemmen; Wasser
Proben: kleines Stück eines Joghurtbechers, Kupferblech, Zinkgranalien, Harnstoff, 5-Cent-Münze, Aluminiumblech, Zucker, Eisennagel, Silberblech, Kaliumchlorid

Forschungsauftrag:
1 Plant ein Experiment um zu prüfen, ob es sich bei den Proben um Metalle oder Nichtmetalle handelt. ●●○
2 Plant ein Experiment, mit dem ihr die Metalle in Leicht- und Schwermetalle einteilen könnt. ●●○
3 Führt die Experimente durch. ●○○
4 Stellt eure Beobachtungen in einer Tabelle dar. Ordnet dabei die Proben den Gruppen Metall, Leicht- oder Schwermetall, Nichtmetall und Salz zu. ●●○

1 Historische Gewinnung von Kupfer

1.2 Gewinnung von Metallen

WES-151469-108

Bereits vor 5000 Jahren wurden aus Kupfer Waffen und Werkzeuge geformt. Hierzu wurde grünes Gestein mit Holz in einem Ofen stark erhitzt. Aus der Öffnung des Ofens lief ein rötlicher Stoff heraus. Es war Kupfer entstanden. Das Kupfer wurde in Formen gegossen. Wie können Kupfer und andere Metalle gewonnen werden?

Metallfunde – Gold findet man in der Natur als Element. Meist sind es recht kleine Metallstücke, die man noch vom umgebenden Gestein abtrennen muss. Beim Goldwaschen nutzt man die hohe Dichte von Gold, um das Gold aus dem Gemisch von anderem Gestein abzutrennen. Auch die Metalle Silber und Kupfer kann man als Elemente in Gesteinen finden. Häufiger kommen Silber und Kupfer aber als Verbindungen vor. Metalle wie Eisen, Aluminium oder Blei liegen in der Natur ausschließlich als Verbindungen vor. Meist sind es Verbindungen mit Sauerstoff in Form von Oxiden oder mit Schwefel in Form von Sulfiden. Dies gilt auch für die meisten anderen Metalle.

Vom Erz zum Oxid – Kupferverbindungen, die in der Natur vorkommen, sind mit weiterem Gestein vermischt. Solche Gemenge werden **Erze** genannt. Zu den Erzen mit Kupferverbindungen zählt auch ein grünes Gestein, das man als Malachit bezeichnet. Die Kupferverbindungen in dem Erz werden zunächst vom übrigen Gestein abgetrennt. Es liegt dann grünes Kupfercarbonat vor. Erhitzt man das Kupfercarbonat, entsteht schwarzes Kupferoxid. Um aus Erzen Oxide zu gewinnen, müssen einige der Metallverbindungen chemisch zunächst in Metalloxide umgewandelt werden.

Vom Oxid zum Metall – In einem Versuch wird Silberoxid stark erhitzt. Im Reagenzglas bildet sich ein silbrig glänzender Feststoff. Dabei handelt es sich um Silber. Während der Reaktion entsteht außerdem ein Gas. Dieses Gas lässt einen glimmenden Holzspan aufflammen. Bei dem Gas handelt es sich um Sauerstoff. Das Silberoxid muss während der gesamten Reaktionsdauer erhitzt werden. Sonst findet keine weitere

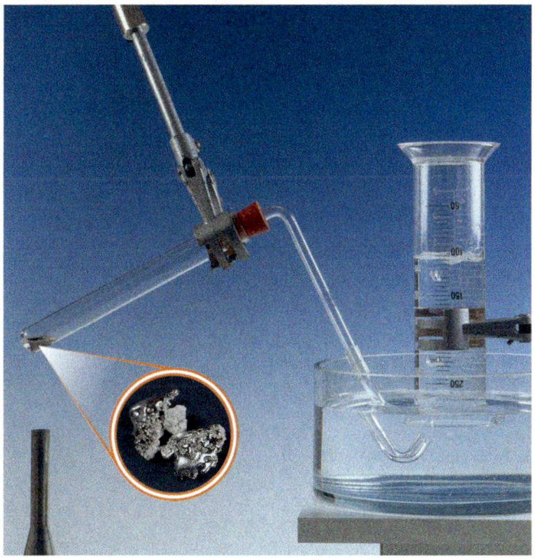

2 Zerlegung von Silberoxid

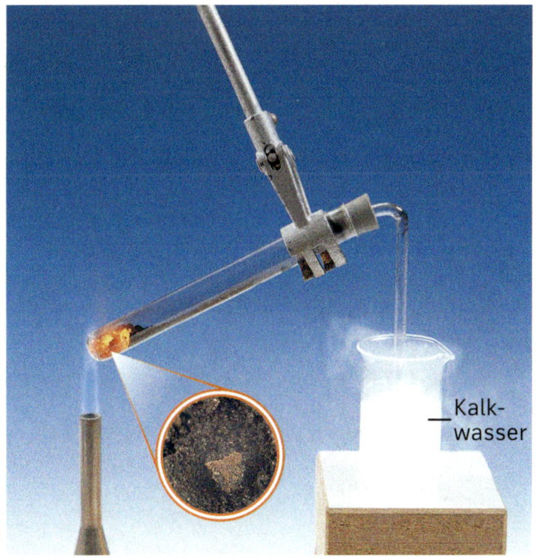

3 Reaktion von Kupferoxid mit Kohlenstoff

Bildung von Silber und Sauerstoff statt. Die Zerlegung von Silberoxid ist eine endotherme Reaktion. Das Reaktionsschema lautet:

Silberoxid →
Silber + Sauerstoff; endotherm

Die Zerlegung eines Metalloxids zum Metall ist eine Reaktion, bei der Sauerstoff abgegeben wird.

Reaktion mit Kohlenstoff – Die meisten Metalloxide sind schwer spaltbar und lassen sich nicht durch starkes Erhitzen in Metall und Sauerstoff zerlegen. Auch Kupferoxid wird durch starkes Erhitzen nicht in Kupfer und Sauerstoff zerlegt. Erhitzt man Kupferoxid jedoch mit Holzkohlepulver in einem Reagenzglas, glüht das Gemisch hell auf. Nach der Reaktion ist im Reagenzglas ein rötlicher Feststoff zu erkennen. Es ist Kupfer entstanden. Außerdem entweicht bei der Reaktion ein Gas, das Kalkwasser trübt. Dabei handelt es sich um Kohlenstoffdioxid. Bei der Reaktion wird das Kupferoxid zerlegt. Der Sauerstoff bildet mit dem Kohlenstoff der Holzkohle ein neues Oxid, das Kohlenstoffdioxid. Bei der chemischen Reaktion findet eine **Sauerstoffübertragung** statt. Das Reaktionsschema lautet:

Kupferoxid + Kohlenstoff →
Kupfer + Kohlenstoffdioxid; exotherm

PRAKTIKUM

A Kupfercarbonat

Materialien:
Waage, Spatel, schwer schmelzbares Reagenzglas, Reagenzglasklammer, Gasbrenner; Kupfercarbonat (GHS07, GHS09)

Durchführung:
1 Gebt etwa 2 g Kupfercarbonat in das Reagenzglas.
2 Erhitzt das Reagenzglas mit der rauschenden Flamme, bis die blaugrüne Farbe nicht mehr zu beobachten ist. Entfernt dann das Reagenzglas aus der Brennerflamme.

Aufgaben:
1 Erklärt die Beobachtungen. ●●○
2 Plant ein Experiment, mit dem ihr das gebildete Gas nachweisen könnt. ●●○
3 Erläutert, wie aus dem Reaktionsprodukt Kupfer gewonnen werden kann. ●●○

Basiskonzept
Chemische Reaktion

Die Sauerstoffübertragung ist eine chemische Reaktion.

Bei Sauerstoffübertragungsreaktionen findet immer eine Abgabe von Sauerstoff ...

Abgabe von Sauerstoff

$$2\,CuO(s) + C(s) \rightarrow 2\,Cu(s) + CO_2(g);\ \Delta H < 0$$

Kupferoxid — Kohlenstoff — Kupfer — Kohlenstoffdioxid — exotherm

Aufnahme von Sauerstoff

... und eine Aufnahme von Sauerstoff statt.

4 Reaktionsgleichung der Sauerstoffübertragungsreaktion von Kupferoxid mit Holzkohle

Sauerstoffübertragungsreaktion – Die Reaktion von Kupferoxid zum Kupfermetall lässt sich mit einer Reaktionsgleichung beschreiben. Hierfür wird die international einheitliche Symbolschreibweise verwendet. Bei der chemischen Reaktion von Kupferoxid mit Kohlenstoff gibt das Kupferoxid den Sauerstoff ab. Bei der in Abbildung 4 dargestellten Reaktion wird dieser Vorgang mit dem blauen Pfeil veranschaulicht. Durch Abgabe von Sauerstoff wird das Kupferoxid zerlegt. Dabei entsteht das metallische Kupfer. Gleichzeitig nimmt der Kohlenstoff bei der Reaktion den Sauerstoff auf. Dieser Vorgang wird in Abbildung 4 mit dem roten Pfeil dargestellt. Es entsteht Kohlenstoffdioxid. Das Kohlenstoffdioxid ist das neu gebildete Oxid. Aus Kupferoxid und Kohlenstoff entstehen bei dieser Reaktion metallisches Kupfer und gasförmiges Kohlenstoffdioxid.

Eine chemische Reaktion, bei der ein Reaktionspartner Sauerstoff abgibt und ein anderer Reaktionspartner Sauerstoff aufnimmt, wird als **Sauerstoffübertragungsreaktion** bezeichnet. Die Sauerstoffübertragung zwischen beiden Reaktionspartnern läuft dabei gleichzeitig ab. Es findet zeitgleich die Zerlegung des einen Oxids und die Bildung eines anderen Oxids statt.

PRAKTIKUM

B Kupferoxid

Materialien:
Porzellanschale, Spatel, schwer schmelzbares Reagenzglas, Reagenzglasklammer, Gasbrenner, Luftballon, Waage; schwarzes Kupferoxid (GHS09, fein gekörnt), Holzkohlepulver (fein gekörnt), Eisenpulver (GHS02)

Durchführung:
1. Vermischt in einer Porzellanschale 2 g schwarzes Kupferoxidpulver und 0,2 g Holzkohlepulver gründlich mit einem Spatel.
2. Füllt das Gemisch in das Reagenzglas und stülpt den Luftballon über die Reagenzglasöffnung.
3. Erhitzt das Reagenzglas mit der rauschenden Flamme des Gasbrenners, bis das Gemisch an einer Stelle zu glühen beginnt. Nehmt das Reagenzglas dann aus der Flamme.

Aufgaben:
1. Protokolliert den Versuch und stellt die Reaktionsgleichung auf. ●●○
2. Wiederholt das Experiment. Verwendet ein Gemisch aus 2 g Kupferoxid und 1,5 g Eisenpulver. Stellt die Reaktionsgleichung auf. ●●○

Sauerstoffaufnahme – Wird ein Gemisch aus Kupferoxid und Eisen in einem Reagenzglas stark erhitzt, glüht es hell auf. Nach dem Abkühlen liegt ein Gemisch aus einem schwarzgrauen Feststoff und einem rotorange glänzenden Feststoff vor. Bei der Reaktion von Kupferoxid mit Eisen sind schwarzgraues Eisenoxid und Kupfer entstanden. Nicht nur Kohlenstoff kann Sauerstoff aufnehmen.

Für die Metallgewinnung aus den Metalloxiden können auch andere Stoffe eingesetzt werden. Leitet man Wasserstoff über heißes Kupferoxid, bilden sich Kupfer und Wasser. Genau wie Eisen und Wasserstoff können viele weitere Stoffe den Sauerstoff aus dem Kupferoxid aufnehmen. Dabei findet zwischen dem Kupferoxid und dem Stoff, der Sauerstoff aufnimmt, immer eine Sauerstoffübertragungsreaktion statt.

MATERIAL MIT AUFGABEN

A Schienenschweißen

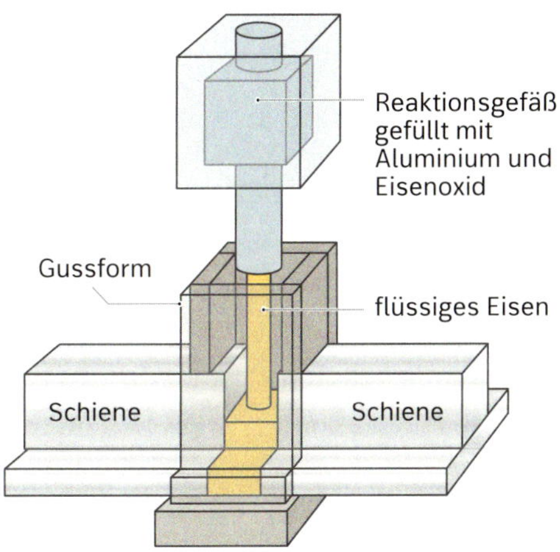

Bei der Reparatur von Eisenbahnschienen werden Schäden durch Schweißen behoben. Zu Beginn wird dabei ein Gemisch aus Aluminium und Eisenoxid, Fe_2O_3, gezündet. Es entstehen flüssiges Eisen und Aluminiumoxid, Al_2O_3.

1 Beschreibe den Aufbau der dargestellten Apparatur. ●●○
2 Erläutere die bei dem Verfahren ablaufenden Vorgänge. ●●●
3 Stelle die Reaktionsgleichung für die Reaktion auf. ●●●

B Vom Erz zum Metall

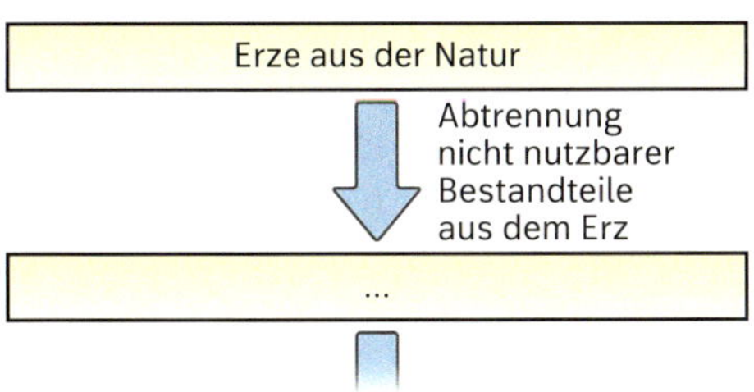

Die meisten Metalle kommen als Metallverbindungen in der Natur in Form von Erzen vor. Zunächst werden die nicht nutzbaren Bestandteile aus dem Erz abgetrennt. Die nun vorliegenden Metallverbindungen werden durch chemische Umwandlungsprozesse in die Metalloxide überführt. Dann wird den Metalloxiden unter Wärmezufuhr ein Stoff zugesetzt, der den Sauerstoff aufnimmt. Dieser zugesetzte Stoff ist meist Kohlenstoff. Es läuft eine Sauerstoffübertragungsreaktion ab. Dabei entstehen aus dem Metalloxid und dem Kohlenstoff das Metall und Kohlenstoffdioxid.

1 Der Infomationstext fasst die Metallherstellung zusammen. Erstelle aus dem Informationstext ein Fließschema nach dem angegebenen Muster. ●●○
(2) Recherchiere die Gewinnung von Kupfer aus Kupferoxid mit Methan. Stelle hierzu ausgehend vom Malachit ein passendes Fließschema auf. ●●●

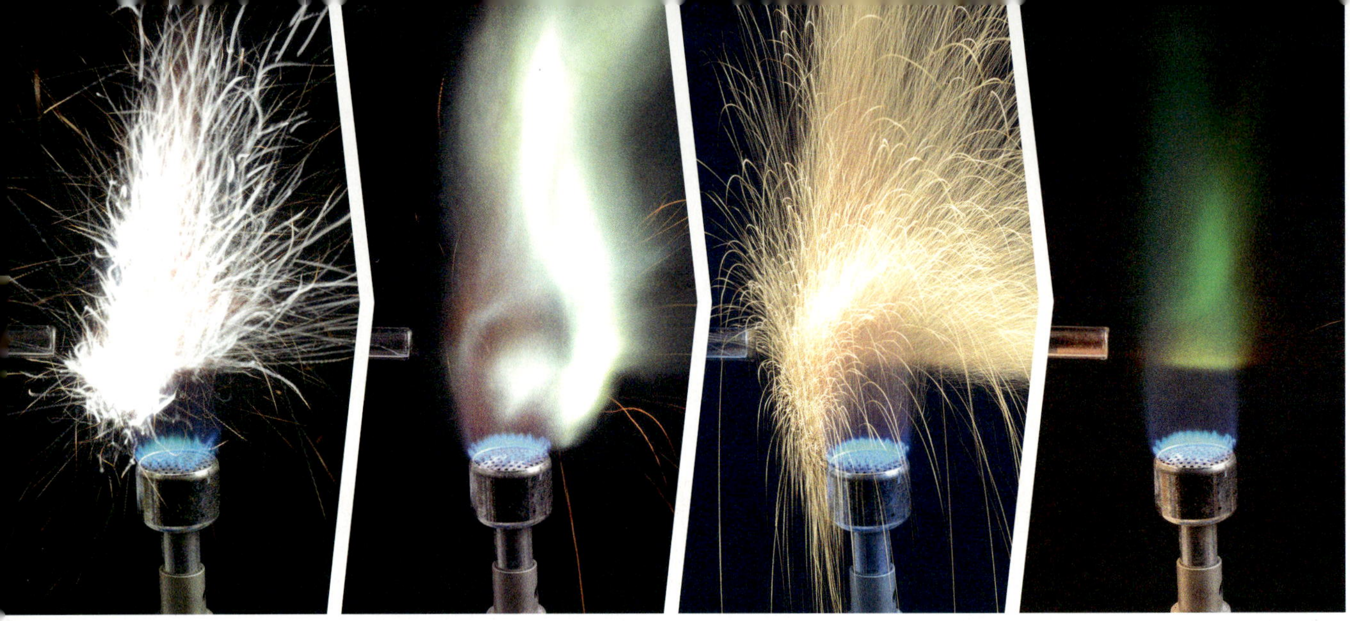

1 Metallpulver werden in eine Brennerflamme gegeben.

1.3 Metalle reagieren mit Sauerstoff

WES-151469-112

Für die Planung eines Feuerwerks wird eine Versuchsreihe durchgeführt. Dabei wird die gleiche Menge unterschiedlicher Metallpulver in die Brennerflamme hineingepustet. Bei der Zugabe von Magnesium, Zink, Eisen und Kupfer sind verschiedene Flammenerscheinungen zu beobachten. Die Flamme beim Magnesium leuchtet dabei am grellsten und die beim Kupfer am schwächsten. Warum treten diese unterschiedlich heftigen Reaktionen auf?

Metalle brennen – Trifft das Metallpulver auf die Brennerflamme, ist bei jedem Metallpulver eine Leuchterscheinung zu sehen. Anschließend kann man neben dem Gasbrenner verschiedene Pulver erkennen. Bei Magnesium und Zink findet man weiße Pulver, bei Eisen graubraunes Pulver und bei Kupfer schwarzes Pulver. Aus den Metallen sind neue Stoffe entstanden. Die Metalle haben nicht nur geglüht, sondern sie sind verbrannt. Magnesium, Zink, Eisen und Kupfer haben mit dem Sauerstoff aus der Luft Oxide gebildet. Das Reaktionsschema lautet: Metall + Sauerstoff → Metalloxid

Heftigkeit der Reaktion – Bei der Verbrennungsreaktion von Magnesium mit Sauerstoff wird die Flamme groß und sehr grell. Je heller die Flamme aufleuchtet, desto heftiger läuft die Reaktion ab. Bei der Reaktion wird somit sehr viel Energie frei. Es liegt eine stark exotherme Reaktion vor. Bei der Reaktion von Zink oder Eisen mit Sauerstoff wird weniger Energie freigesetzt. Die Reaktion von Kupfer mit Sauerstoff verläuft am schwächsten. Bei dieser Reaktion wird noch weniger Energie frei. Metalle reagieren unterschiedlich heftig mit Sauerstoff. Ist der Anteil an Sauerstoff höher als in der Luft, brennen die Metalle besser. In reinem Sauerstoff verläuft die Reaktion besonders heftig, da viel Sauerstoff für die Verbrennung zur Verfügung steht. Die Reaktion wird dabei auch durch die Größe der Metalloberfläche beeinflusst. Bei einem Pulver ist die Oberfläche größer als bei einem Blech. Dadurch kann die Verbrennung an mehreren Stellen gleichzeitig stattfinden. Die Reaktion läuft somit heftiger ab. Bei der Versuchsreihe wurde darauf geachtet, dass die Partikelgrößen der Pulver gleich sind.

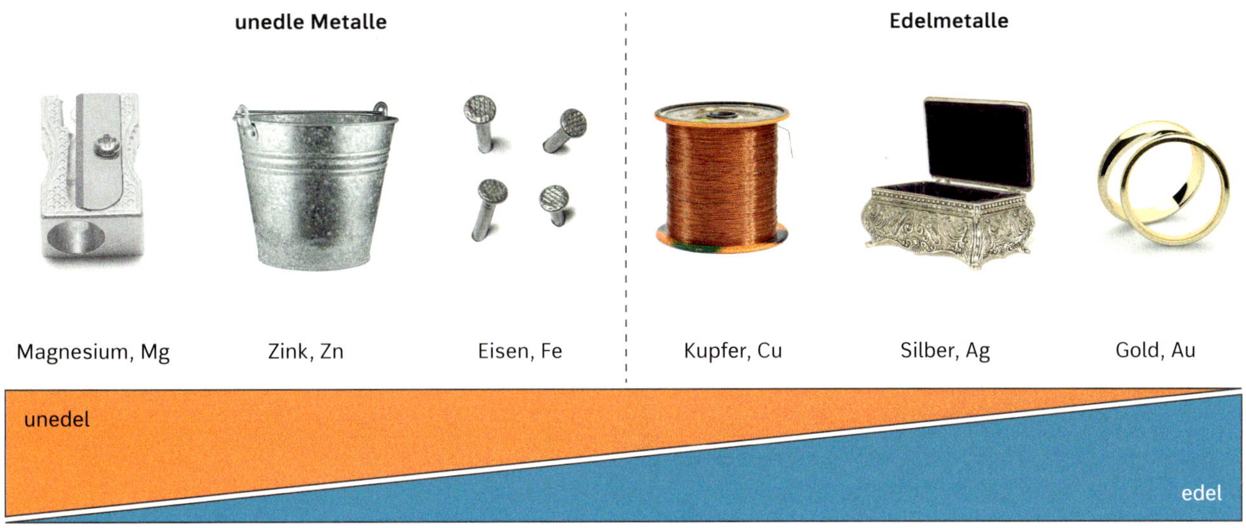

2 Ordnung einiger Metalle nach ihrer Reaktionsfähigkeit mit Sauerstoff

Oxidbildung bei Metallen – Bei der Reaktion von Magnesium mit Sauerstoff wird Magnesiumoxid gebildet:

Magnesium + Sauerstoff → Magnesiumoxid; exotherm

Auch die anderen Metalle reagieren mit Sauerstoff zu Oxiden. Diese Reaktion wird **Oxidbildung** genannt. Bei der Oxidbildung von Magnesium, Zink oder Eisen wird viel Energie freigesetzt. Die Reaktionen sind stark exotherm. Metalle, die heftig mit Sauerstoff reagieren, bezeichnet man als **unedel**. Magnesium, Zink und Eisen sind unedle Metalle.

Bei den Reaktionen von Kupfer oder Silber mit Sauerstoff wird wenig Energie freigesetzt. Diese Reaktionen sind schwach exotherm. Metalle, die wenig bis gar nicht mit Sauerstoff reagieren, werden als **Edelmetalle** bezeichnet. Kupfer und Silber sind Edelmetalle. In Abbildung 2 sind die Metalle nach der Heftigkeit ihrer Reaktion mit Sauerstoff angeordnet. Je weiter links ein Metall eingeordnet ist, desto unedler ist es. Je weiter rechts das Metall steht, desto edler ist es. Die verschieden starken Flammenerscheinungen sind auf die unterschiedlichen Reaktionsfähigkeiten der Metalle mit Sauerstoff zurückzuführen.

MATERIAL MIT AUFGABEN

A Metalle reagieren mit Sauerstoff

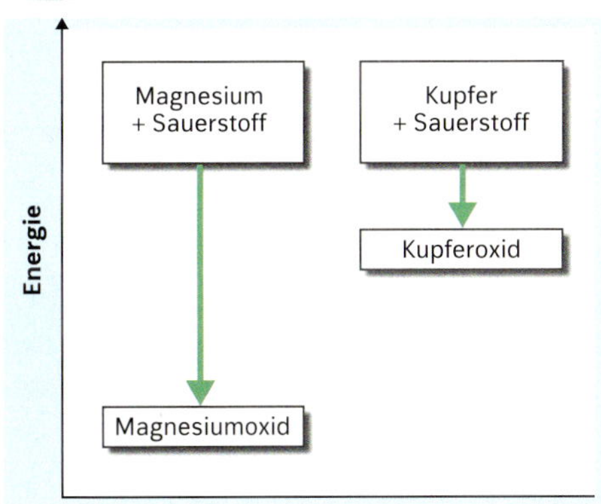

1 Beschreibe das Energieschema. ●○○
2 Stelle für die Reaktionen von Magnesium, Kupfer, Aluminium, Eisen und Silber mit Sauerstoff das Reaktionsschema mit Energieumsatz auf. ●●○
3 Übertrage das abgebildete Energieschema. Zeichne daneben die Energieschemata für die Reaktionen der Metalle Zink, Eisen und Silber mit Sauerstoff. Beachte die Einordnung der Metalle als unedel und edel. ●●○

MATERIAL MIT AUFGABEN

B Magnesiumbrand

chemnews_today

Gefällt 30.261 Nutzer*innen
chemnews_today In Thüringen war bei einer Recycling-Firma ein Behälter mit Magnesium in Brand geraten. Es kam zu starker Rauchentwicklung mit enormer Hitze. Das Feuer durfte nicht mit Wasser oder Kohlenstoffdioxid gelöscht werden, sondern nur mit Sand oder Salz.
Mit etwa 50 Tonnen Sand aus einem nahegelegenen Glaswerk konnten die Flammen erstickt und das Feuer gelöscht werden.
#Magnesiumbrand #Oxidbildung #exotherm

1) Begründe mit der Sauerstoffübertragungsreihe, warum Kohlenstoffdioxid und Wasser nicht geeignet sind, um einen Magnesiumbrand zu löschen. ●●○

Metallbrände – Ein Magnesiumbrand darf nicht mit Wasser oder Kohlenstoffdioxid gelöscht werden. Beim Magnesiumbrand steigt die Temperatur auf über 1500 °C. Wasser und Kohlenstoffdioxid werden bei diesen Temperaturen zerlegt. Der Sauerstoff aus diesen Löschmitteln wird auf das Magnesium übertragen. Dabei wird viel Energie frei. Es entstehen Wasserstoff und Kohlenstoff, die selbst brennbar sind. Zum Löschen von Bränden sehr unedler Metalle sind Sand und Kochsalz geeignet. Das Löschmittel wird über das brennende Metall verteilt. Durch die hohen Temperaturen schmilzt das Löschmittel und deckt so das unedle Metall ab. Die Sauerstoffzufuhr aus der Luft ist unterbunden. Der Brand erlischt.

Sauerstoffübertragungsreihe – Das Magnesium kann auch Eisenoxid den Sauerstoff entziehen. Bei der Reaktion entstehen Magnesiumoxid und Eisen. Zwischen Magnesiumoxid und Eisen findet keine Reaktion statt. Magnesium ist unedler als Eisen. Magnesium hat somit ein stärkeres Bestreben als Eisen, den Sauerstoff zu binden. Unedle Metalle nehmen Sauerstoff auf. Die Oxide edler Metalle geben Sauerstoff ab. Zwischen einem unedleren Metall und einem Oxid eines edleren Metalls findet eine Sauerstoffübertragung statt. Die edlen und unedlen Metalle und ihre Oxide können nach ihrem **Bindungsbestreben** zum Sauerstoff sortiert werden. Dieser Aufreihung kann man entnehmen, welches Metalloxid mit welchem Metall eine Reaktion eingeht. Alle Metalle, die in dieser Reihe links von einem bestimmten Metalloxid stehen, sind in der Lage diesem Oxid den Sauerstoff zu entziehen.

Abgabe von Sauerstoff

$$Fe_2O_3(s) + 3\,Mg(s) \rightarrow 2\,Fe(s) + 3\,MgO(s)$$

Eisenoxid, Magnesium, Eisen, Magnesiumoxid

Aufnahme von Sauerstoff

$$Fe(s) + MgO(s) \nrightarrow \text{keine Reaktion}$$

3 Sauerstoffübertragungsreaktion

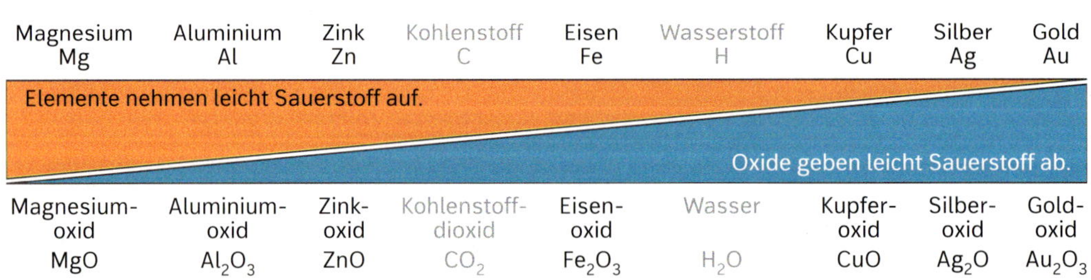

4 Unedle Metalle zeigen ein höheres Bindungsbestreben zu Sauerstoff als edle Metalle.

MATERIAL MIT AUFGABEN

C Magnesium brennt

Ein Standzylinder wird mit Kohlenstoffdioxidgas gefüllt. In den Standzylinder wird ein brennender Streifen Magnesiumband gehalten. Das Magnesium brennt im Kohlenstoffdioxid weiter. Die Reaktion verläuft heftiger als in der Luft. An der Innenwand des Standzylinders haften ein weißes Pulver und schwarze Flocken.

1 Nenne die Produkte, die entstanden sind, und stelle die Reaktionsgleichung auf.
2 Erkläre, warum die Reaktion im Kohlenstoffdioxid heftiger abläuft als in Luft.
3 In zwei Standzylinder mit Kohlenstoffdioxid hält man brennende Eisenwolle und brennende Kupferwolle. Stelle Hypothesen auf, welche Beobachtungen bei diesen Versuchen zu erwarten sind.
4 In einem Betrieb werden Eisen, Aluminium und Kupfer verarbeitet. Dabei kommt es zur Bildung von Metallstaub und Funkenflug mit starker Hitzeentwicklung. Ordne die Metalle nach steigendem Brandrisiko und erläutere, welche Löschmittel bei einem Brand verwendet werden dürfen.

PRAKTIKUM

A Wer bekommt den Sauerstoff?

Materialien:
Gasbrenner, schwer schmelzbare Reagenzgläser, kleiner Spatellöffel, Uhrgläser, Stativ; rotes Eisenoxid, schwarzes Kupferoxid (GHS09), Zinkoxid (GHS09), Magnesiumoxid, Eisenpulver (GHS02), Kupferpulver (GHS02, GHS09), Zinkpulver (stabilisiert, GHS09), fein gekörnte Holzkohle (Kohlenstoff)

Durchführung:
In diesem Versuch sollt ihr herausfinden, welches Metalloxid mit welchem Metall oder mit Kohlenstoff reagiert. Stellt zunächst alle möglichen Kombinationen aus Metall und Metalloxid in einer Tabelle zusammen. Notiert dann in jeder Zeile der Tabelle eine Hypothese, ob ihr eine Reaktion erwartet. Überprüft die Hypothesen durch entsprechende Versuche.

1 Füllt einen Spatellöffel des Metallpulvers beziehungsweise des Kohlenstoffs und einen Spatellöffel des Metalloxids in ein schwer schmelzbares Reagenzglas.
2 Schüttelt das Reagenzglas, so dass sich die beiden Stoffe gut vermischen.
3 Befestigt das Reagenzglas am Stativ. Erhitzt dann das Gemisch vorsichtig mit der nicht leuchtenden Brennerflamme. Filmt den Versuchsablauf. Entfernt den Brenner, falls das Gemisch von selbst weiterglüht.
4 Gebt das erkaltete Gemisch auf ein Uhrglas. Macht Fotos davon und vergleicht die Produkte mit den Edukten.

Aufgaben:
1 Ergänzt eure Beobachtungen in der Tabelle, schaut euch dazu eure Videos an. Überprüft eure Hypothesen.
2 Stellt die Reaktionsgleichung auf, wenn eine Reaktion stattgefunden hat.
3 Wertet die Tabelle aus. Ordnet mit eurer Auswertung die Metalle nach ihrem Bindungsbestreben mit Sauerstoff. Vergleicht eure Anordnung mit der Abbildung 4.
4 Ihr dürft keinen Versuch mit Magnesiumpulver und einem Metalloxid wie Kupferoxid durchführen. Begründet dieses Verbot.

1 Der Eiffelturm und andere mehrstöckige, hohe Bauwerke bestehen aus Eisen und Stahl.

2.1 Eisen und Stahl

WES-151469-116

Der 330 Meter hohe Eiffelturm in Paris ist eine Konstruktion aus Schmiedeeisen. Andere hohe Bauwerke bestehen aus Stahl. Eisen und Stahl sind wichtige Baustoffe. Sie sind vielfältig einsetzbar. Wie gewinnt man Eisen und wie kann man daraus Stahl herstellen?

Eisen und Stahl – Das Element Eisen ist mit Beginn der Eisenzeit zum wichtigsten Gebrauchsmetall der Menschen geworden. Eisen kommt in der Natur fast nur in Verbindungen vor. Deshalb muss es genau wie Kupfer aus Erzen gewonnen werden. Dazu werden Eisenerze zunächst chemisch in Eisenoxid umgewandelt. Im Hochofen wird das Eisenoxid mit Kohlenstoff vermischt. Es reagiert in mehreren Schritten zu Eisen und Kohlenstoffdioxid. Reines Eisen ist sehr weich. Man kann daraus keine Gegenstände herstellen. Deshalb verwendet man Eisenlegierungen. Im Alltag ist der Begriff „Eisen" eine Sammelbezeichnung für die Legierungen Gusseisen, Schmiedeeisen, Stahl, Edelstahl und Spezialstahl. Diese Legierungen enthalten bis zu vier Prozent Kohlenstoff. Stähle enthalten außerdem weitere Metalle als Legierungsbestandteile. Manche Eisenlegierungen sind formbar, andere kann man nur durch Gießen verarbeiten. Einige Eisenlegierungen rosten, andere wiederum nicht. Die Eigenschaften der Eisenlegierung kann man über die zugesetzten Legierungsbestandteile genau einstellen. So kann man Eisenlegierungen vielfältig einsetzen, um Schrauben, Nägel, Fahrzeuge, Werkzeuge, Besteck, Töpfe und vieles mehr herzustellen.

Aufbau des Hochofens – Ein Hochofen ist ein großer zylinderförmiger Schachtofen. Hochöfen sind bis zu 75 Meter hoch mit einem Innendurchmesser von etwa zwölf Metern. Sie bestehen aus einem Mauerwerk aus feuerfestem Gestein und einem äußeren Stahlmantel. Auf dem Stahlmantel befinden sich Rohre, durch die Wasser fließt. Dadurch wird der Hochofen gekühlt. Über den Ringheizkörper wird heiße Luft in den Hochofen geblasen. Am oberen Ende wird der Hochofen durch einen gasdichten Verschluss, die Gicht, verschlossen.

Betrieb des Hochofens – Eisenoxid, Koks und Zuschläge werden durch die Gicht in den Hochofen gefüllt. Koks ist veredelte Steinkohle, die besser brennt und weniger schädliche Abgase bildet. Zuschläge sind kalkhaltige Gesteine. Sie bilden nach der Reaktion eine niedrig schmelzende, leicht abtrennbare Schlacke. Im oberen Teil des Hochofens beträgt die Temperatur etwa 200 °C. Hier werden die Stoffe vorgewärmt und getrocknet. Man nennt diesen Bereich **Vorwärmzone.** Bei etwa 900 °C reagiert das Eisenoxid mit dem aufsteigenden Kohlenstoffmonooxid. Das Gas Kohlenstoffmonooxid entzieht dem Eisenoxid den Sauerstoff. In dieser chemischen Reaktion bilden sich Eisen und Kohlenstoffdioxid. Die Reaktion ist stark exotherm.

$Fe_2O_3(s) + 3\ CO(g) \rightarrow 2\ Fe(s) + 3\ CO_2(g)$; exotherm

Der Bereich des Hochofens, in dem die Sauerstoffübertragungsreaktion stattfindet, wird **Reduktionszone** genannt. Die gebildeten festen Stoffe sacken im Hochofen weiter nach unten in die **Schmelzzone**. Bei etwa 1400 °C werden das Eisen, die Zuschläge und die Verunreinigungen aus dem Eisenoxid flüssig. Das flüssige Eisen tropft durch den glühenden Koks. Dabei löst sich ein wenig Kohlenstoff in der Eisenschmelze. Alle anderen flüssigen Bestandteile sammeln sich als Schlacke auf dem flüssigen Eisen. Die Schlacke verhindert, dass das flüssige Eisen mit Sauerstoff reagiert und wieder Eisenoxid bildet. Gasförmige Produkte entweichen oben als Gichtgase. In die **Verbrennungszone** wird heiße Luft eingeblasen. Der Koks reagiert mit Sauerstoff zu Kohlenstoffmonooxid. Die Reaktion ist exotherm. Die Temperatur steigt auf 2000 °C an. Im Hochofen sinken die festen Ausgangsstoffe nach unten. Von unten steigen gasförmige Stoffe und die Wärme auf. Mit diesem **Gegenstromprinzip** wird der Hochofen dauerhaft betrieben. Am unteren Ende des Hochofens werden das Roheisen und die Schlacke in flüssiger Form abgenommen. Das Roheisen wird danach weiterverarbeitet.

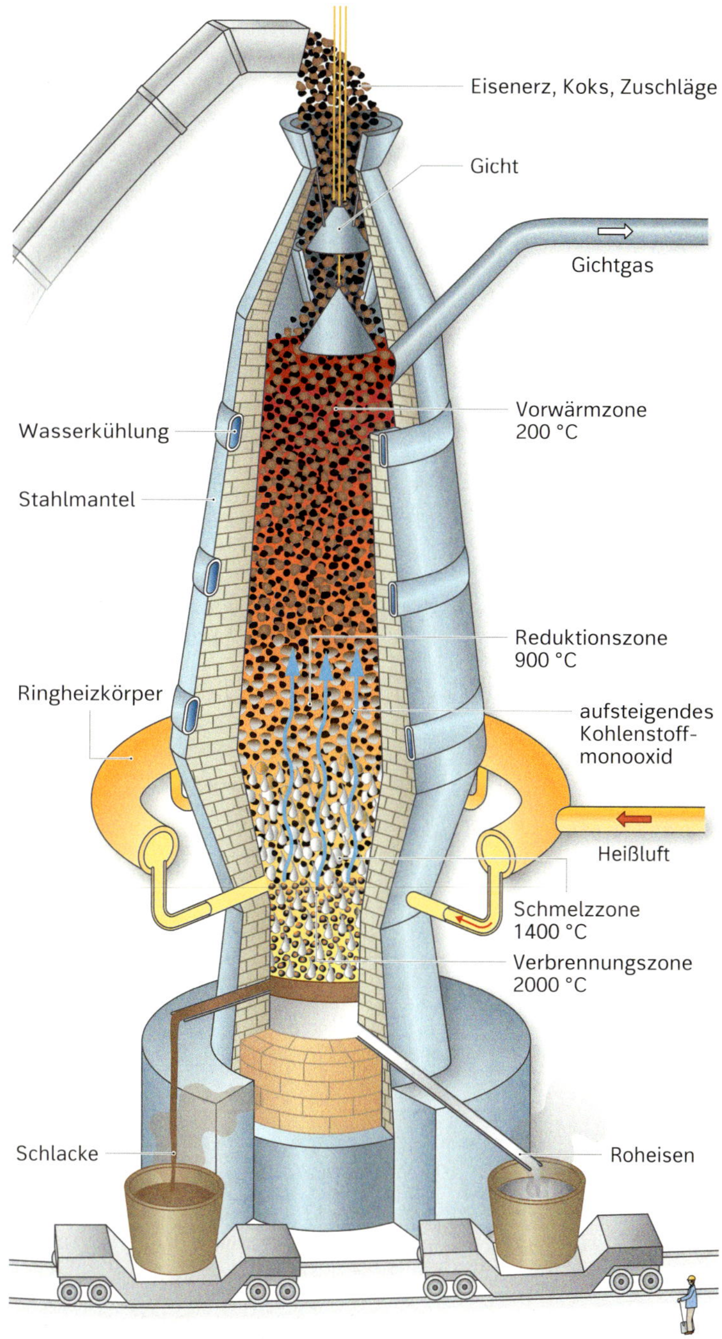

Betriebsdauer	10 Jahre
Höhe	bis zu 75 m
Innendurchmesser	12 m
Produktion pro Tag	12 000 t Roheisen
Rohstoffbedarf für 1 t Roheisen	1400 kg Eisenerz, 490 kg Koks, 220 kg Zuschläge

2 Betrieb eines Hochofens

3 Gusseisen wird in Formen gegossen.

4 Gusseisen wird vielfältig im Haushalt verwendet.

Gusseisen – Das Roheisen aus dem Hochofen ist ein Gemisch. Es enthält noch vier bis sechs Prozent Kohlenstoff und weitere Verunreinigungen wie Silicium, Phosphor und Schwefel. Roheisen ist sehr hart, spröde und kann nicht verarbeitet werden. Zur Herstellung von Gusseisen wird Luft in das flüssige Roheisen eingeblasen. Der Sauerstoff reagiert mit dem Kohlenstoff im Roheisen. Es bildet sich Kohlenstoffdioxid, das entweicht. Das so erhaltene **Gusseisen** enthält nur noch zwei bis vier Prozent Kohlenstoff. Gusseisen ist ein guter Wärmeleiter und sehr hart. Es kann nicht geschmiedet oder geschweißt werden. Man kann es aber in Formen gießen. Das Material eignet sich zur Herstellung von Motorblöcken, Hanteln, Töpfen, Pfannen oder Dekorationsgegenständen.

MATERIAL MIT AUFGABEN

A Schmiedeeisen aus dem Rennofen

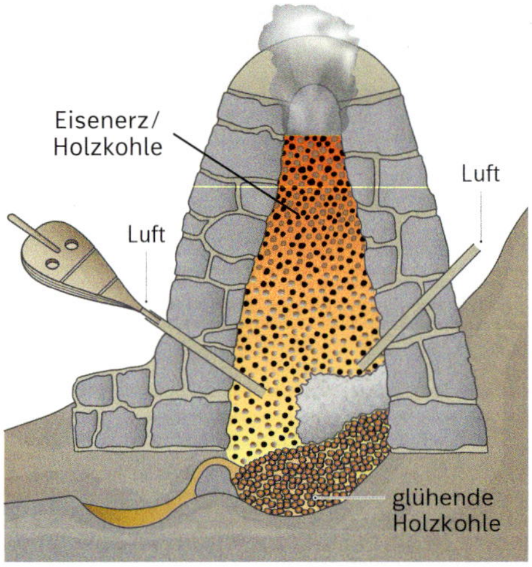

Bis ins Mittelalter wurde Eisen im Rennofen gewonnen. Zunächst wurden Eisenerze und Holzkohle im Ofen geschichtet. Dann wurde die Holzkohle entzündet. Mit Blasebälgen wurde ständig Luft in den Rennofen eingeblasen. Dadurch kam es zu einer großen Hitzeentwicklung. Das im Rennofen erhaltene metallische Eisen enthielt zwei Prozent Kohlenstoff. Es war schmiedbar.

1 Beschreibe den Aufbau und die Funktion eines Rennofens und eines Hochofens. ●●○

2 Vergleiche die Vorgänge im Rennofen mit denen im Hochofen. Stelle die Vorgänge in einer Tabelle gegenüber. ●●○

3 Recherchiere eine Möglichkeit, Eisen klimaneutral zu gewinnen. Erläutere, welche Herausforderungen mit diesem Verfahren verbunden sind. ●●○

Stahlgewinnung – Der größte Teil des Roheisens wird zu Stahl verarbeitet. Dazu wird das flüssige Roheisen in einen ausgemauerten Behälter, den Konverter, gefüllt. Außerdem werden noch 30 Prozent Eisenschrott zugegeben und geschmolzen. Auf die Schmelze wird Sauerstoff geblasen. Der Sauerstoff reagiert mit den gelösten Verunreinigungen wie Kohlenstoff, Silicium, Phosphor oder Schwefel. Dabei erhitzt sich die Schmelze auf 3000 °C. Die Oxide entweichen als Gase oder Funkenregen. Das Verfahren wird Sauerstoff-Aufblas-Verfahren genannt. Der Kohlenstoffgehalt wird so auf weniger als zwei Prozent verringert, wie es für schmiedbares Eisen und Stahl erforderlich ist. Für Spezialstähle wird die Schmelze im Konverter noch mit den entsprechenden Legierungsmetallen wie Chrom, Vanadium oder Wolfram versetzt. So kann man für jede Anwendung den richtigen Stahl herstellen.

Danach wird die Stahlschmelze in Pfannen gegossen, in denen sie abkühlt. Die Stahlschmelze wird fest. Im Stahlwerk wird der feste Stahl wieder erwärmt. Durch Ziehen, Schmieden, Pressen oder Walzen wird der Stahl zu den gewünschten Gegenständen geformt.

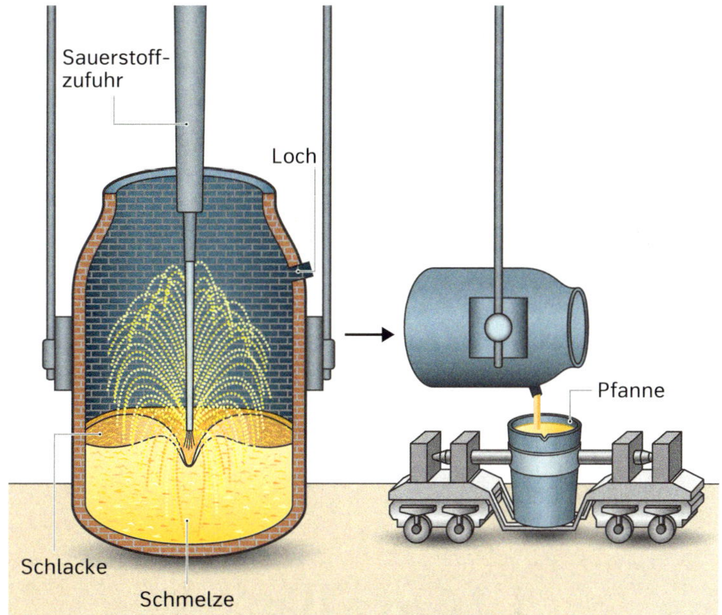

5 Herstellung von Stahl im Konverter

MATERIAL MIT AUFGABEN

B Stahlrecycling

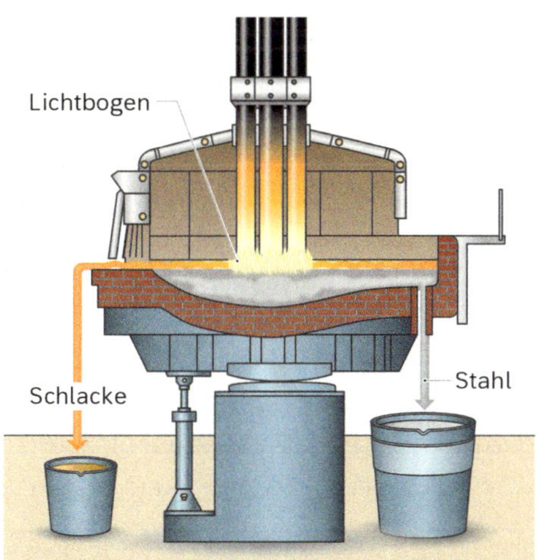

Im Lichtbogenofen wird aus Schrott wieder Stahl hergestellt Durch das Anlegen hoher elektrischer Spannung entsteht ein heißer Lichtbogen zwischen dem Schrottmaterial und der Kohleelektrode. Bei den hohen Temperaturen schmilzt der Schrott. In die Schmelze werden nach Bedarf verschiedene Legierungsmetalle gegeben. Gegenüber dem Hochofenprozess werden für die gleiche Menge an Stahl nur 30 – 90 % der Rohstoffe und 50 % der Energie benötigt.

1 Beschreibe den Aufbau und die Funktion des Lichtbogenofens. ●○○
2 Nenne die eingesparten Rohstoffe beim Lichtbogenverfahren und deren Ersatzstoffe. ●○○
3 Bewerte die beiden Verfahren zur Stahlherstellung bezogen auf ihre Nachhaltigkeit. ●●●

1 Abfallprodukt Aluminiumdose

2.2 Metalle als Wertstoffe

WES-151469-120

Zwei Jugendliche sehen eine zerknüllte Getränkedose im Gras liegen. Der Junge hebt die Dose auf und wirft sie in den Mülleimer. Das Mädchen holt sie wieder heraus und nimmt sie mit. Warum sollen Abfallprodukte aus Metall nicht in die Restmülltonne?

Herstellung von Aluminium – In Australien, China, Brasilien, Guinea und Indien findet man große Vorkommen des Erzes **Bauxit.** Dieses Erz enthält Aluminiumoxid und wird im Tagebau abgebaut. Um an die Vorkommen zu gelangen werden häufig Wälder gerodet. Bauxit wird mit Natronlauge erhitzt, so erhält man Aluminiumoxid. Bei diesem Prozess entsteht das umweltschädliche Abfallprodukt **Rotschlamm,** das sicher deponiert werden muss. In manchen Ländern wird der Rotschlamm einfach in Gewässer eingeleitet. Das erhaltene Aluminiumoxid wird geschmolzen. Kohleelektroden werden in die Schmelze getaucht und eine Spannung angelegt. In einer chemischen Reaktion wird dabei der Sauerstoff aus dem Aluminiumoxid auf die Elektroden aus Kohlenstoff übertragen. So wird aus der Schmelze Aluminium gewonnen. Zur Gewinnung von Aluminium benötigt man große Mengen an elektrischem Strom. Aluminiumwerke haben daher oftmals eigene Kraftwerke. Die Herstellung von Aluminium belastet die Umwelt sehr stark.

Verwendung von Aluminium – Das Metall kann zu dünnen und stabilen Folien gewalzt werden und rostet nicht. Deshalb wird Aluminium als Verpackungsmaterial für Lebensmittel und Kosmetika eingesetzt.
Aluminium hat eine geringe Dichte. Gegenstände aus Aluminium sind daher sehr leicht. Man setzt Aluminium als Legierungsbestandteil im Fahrzeugbau und im Flugzeugbau ein. Verwendet man Aluminium anstelle von Stahl, haben die Fahrzeuge ein geringeres Gewicht und somit einen niedrigeren Kraftstoffverbrauch.
Aluminium ist ein guter Wärmeleiter. Grillschalen werden oftmals aus Aluminium hergestellt. In Hochspannungsleitungen wird Aluminium wegen seiner guten elektrischen Leitfähigkeit verwendet.

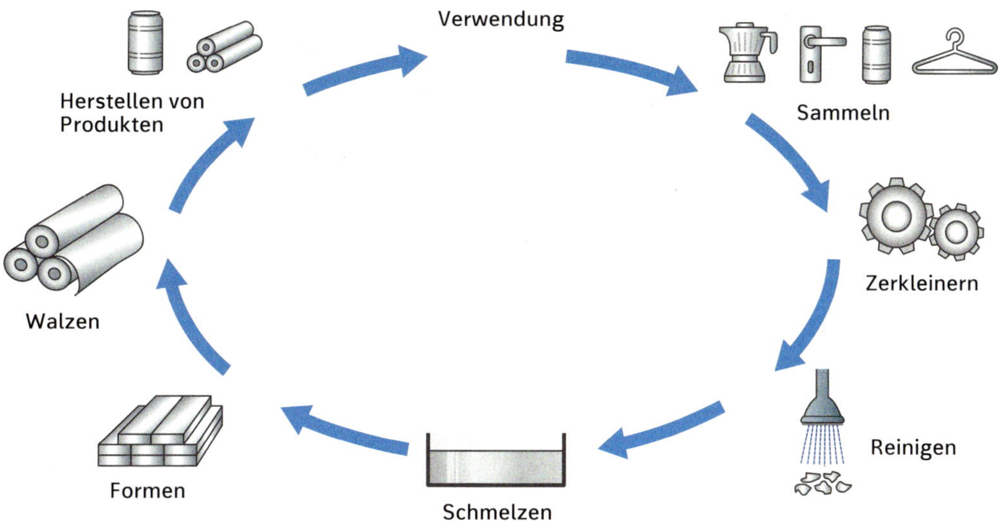

2 Verwendung und Recycling von Aluminium

Recycling von Aluminium – Genutztes Aluminium kann erneut verwendet werden. Insbesondere Verpackungen aus Aluminium werden daher in einer Recyclingtonne gesammelt. In Getränkekartons ist eine Aluminiumfolie fest mit Pappe und einer Kunststofffolie verbunden. Die Pappe sorgt für die Stabilität der Verpackung. Die Kunststofffolie macht die Verpackung wasserdicht. Die Aluminiumfolie macht sie undurchlässig für Licht und Sauerstoff. Solche Verpackungen bezeichnet man als **Verbundmaterial.** In diesen Verpackungen sind mehrere verschiedene Materialien fest miteinander verklebt. Das macht das Recyceln deutlich schwieriger. Dies gilt ebenso für Aluminiumprodukte mit Aufdrucken, wie man sie auf Dosen, Tablettenverpackungen oder Joghurtdeckeln findet.

In der Recyclinganlage wird das Aluminium von den übrigen Materialien abgetrennt. Danach wird das Aluminium eingeschmolzen. Für das Recyceln von Aluminium benötigt man nur 5 bis 10 % der Energie, die für die Herstellung von Aluminium aus Bauxit benötigt wird. Außerdem muss kein Bauxit in der Natur abgebaut werden. Das Recycling ist deutlich umweltschonender.

MATERIAL MIT AUFGABEN

A Recycling von Aluminium

Produktion von Aluminium in 1000 t

Jahr	aus Bauxit		aus Recycling	
	Welt	BRD	Welt	BRD
2009	36900	520	9200	561
2011	44400	433	9750	634
2013	52100	492	14700	597
2015	57700	541	15600	620
2017	59400	550	16100	763

1 Beschreibe den Kreislauf zum Aluminium in Abbildung 2. ●○○
2 Übertrage die Produktionszahlen in zwei Säulendiagramme. ●●○
3 Nenne Zusammenhänge, die man den beiden Diagrammen entnehmen kann. Erläutere die Zusammenhänge in Bezug auf das Recycling. ●●●
4 Bewerte dein eigenes Verhalten bei der Entsorgung von einmalig genutzten Aluminiumprodukten. ●●●

MATERIAL MIT AUFGABEN

B Metalle im Smartphone

Metall	Masse in g	Preis in € pro kg
Kupfer	11,250	5,5
Silicium	11,250	1,9
Lithium	4,900	14,4
Aluminium	4,500	1,9
Kobalt	3,767	74,5
Eisen	3,300	1,2
Wolfram	0,900	251,1
Silber	0,305	493,5
Neodym	0,160	3,6
Gold	0,046	3768,4
Praseodym	0,030	1190,0
Beryllium	0,012	743,0
Palladium	0,011	2836,5
Tantal	0,006	172,8
Platin	0,006	2726,1
Indium	0,003	223,2
Gallium	0,002	153,0

In Deutschland verstauben im Jahr 2023 mindestens 210 Millionen alte Smartphones ungenutzt in den Haushalten.

1 Ermittle Masse und Wert an Gold und Silber in den ungenutzten Smartphones in Deutschland. ●●○

2 In einer Tonne Golderz befinden sich etwa vier bis fünf Gramm Gold. Vergleiche mit dem Goldgehalt in einer Tonne Smartphones. Notiere Gründe, warum das Recycling von Gold umweltschonender ist als die Gewinnung aus Erzen. ●●○

3 Recherchiere weitere Metalle der Seltenen Erden sowie ihre Vorkommen und ihre Verwendung. ●●○

4 Erstelle mit den Ergebnissen eine Bildschirmpräsentation. ●●○

3 Innenleben eines Smartphones

Metalle im Smartphone – 2017 gab es weltweit 5,1 Milliarden Smartphones. Im Mittel wiegt ein Smartphone etwa 140 Gramm. 56 % der Masse eines Gerätes besteht aus Kunststoff, 16 % aus Glas und Keramik und 28 % machen die Metalle aus.

Ein Prozent der Metalle sind Edelmetalle wie Gold, Silber, Platin Kupfer und Palladium. Die Edelmetalle sowie Beryllium werden zur Herstellung von Kontakten auf der Leiterplatte verwendet. Cobalt und Lithium werden für den Akku benötigt, Eisen für Federn und Schrauben und Aluminium für Gehäuseteile und Abdeckungen von Bauteilen auf der Leiterplatte. Kleine Mikrokondensatoren enthalten Tantal. In Displays findet sich Indium und für die Beleuchtung des Displays braucht man Gallium. In kleinsten Mengen sind Metalle der **Seltenen Erden** enthalten. Dazu zählen unter anderen Yttrium, Praseodym und Neodym. Neodym und Praseodym werden für Magnete im Lautsprecher und im Mikrophon benötigt. Yttrium findet im Speicherchip Verwendung.

C Metalle im Stoffkreislauf

Rohstoffarme Länder wie Deutschland müssen viele Wertstoffe importieren. Dabei sind wir von ungenutzen Rohstoffen umgeben. Viele Metalle landen auf einer Deponie. Wenn es gelänge, diese Metalle zurückzugewinnen, könnten die Mülldeponien als Rohstoffquellen dienen. Dies wird als urban mining bezeichnet.

A

Die Metalle Tantal und Cobalt für Smartphones und Laptops stammen zum größten Teil aus Erzminen der Republik Kongo. Nach Angaben des UN-Kinderhilfswerks UNICEF arbeiten rund 40 000 Kinder in den Minen. Das für Akkus in Elektrofahrzeugen benötigte Metall Lithium wird als Salz in Ländern wie Bolivien, Chile und Argentinien abgebaut. Umweltzerstörung durch Abbau der Lithiumsalze gefährdet die Lebensgrundlage der Bevölkerung.

B

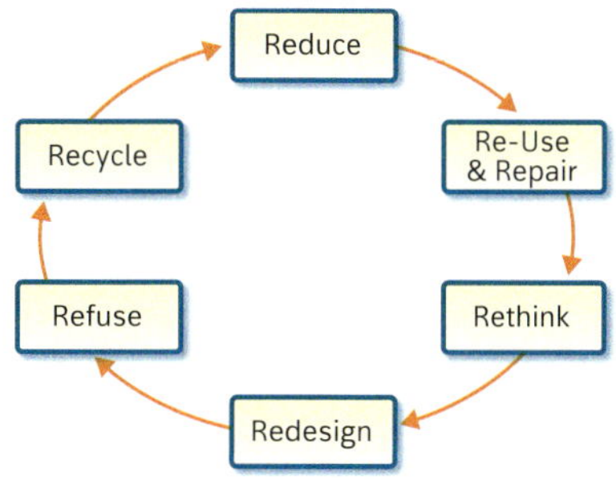

In der Europäischen Abfallrahmenrichtlinie steht, dass die Abfallvermeidung als vorrangiges Ziel noch vor dem Abfallrecycling zu sehen ist. In ihrem Abfallverminderungsprogramm setzt die österreichische Stadt Graz auf die Schlagworte Re-duce, Re-Use, Re-think, Re-design, Re-fuse und Re-cycle.

C

1 Recherchiert arbeitsteilig zu einem der folgenden Aspekte:
   a) urban mining,
   b) Arbeitsbedingungen der Minenarbeiter in Erzminen in Kongo,
   c) Umweltzerstörungen bei der Gewinnung von Lithiumsalzen in Südamerika. ••○
2 Erläutert die Bedeutung der Schlagworte zur Abfallvermeidung. •••
3 Diskutiert in der Lerngruppe Auswirkungen von Abfallvermeidung auf Umwelt, Arbeitsplätze und Wohlstand. •••
4 Diskutiert, welche Konsequenzen ein Abfallvermeidungskonzept für das eigene Konsumverhalten hat. Nehmt dazu euer momentanes eigenes Verhalten und mögliche Änderungen in den Blick. •••
5 Erstellt eine digitale Präsentation mit euren Ergebnissen. Stellt die Ergebnisse der Klasse vor. ••○

MERKE!

METALLE

TYPISCHE EIGENSCHAFTEN DER METALLE:

Glanz

gute Wärmeleitfähigkeit

elektrische Leitfähigkeit

Aluminium

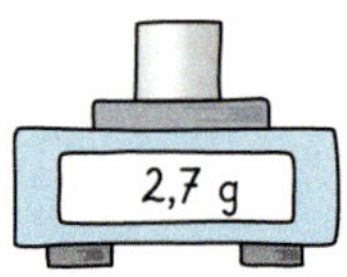

Gold

bis 5 g/cm^3:
Leichtmetall

über 5 g/cm^3:
Schwermetall

Verformbarkeit

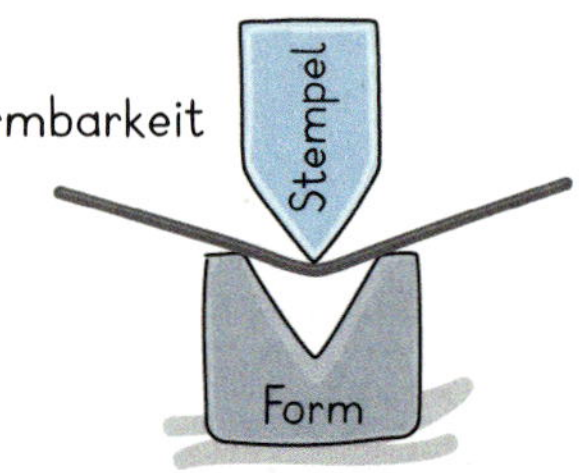

LEGIERUNGEN:

sind homogene Gemische verschiedener Metalle.

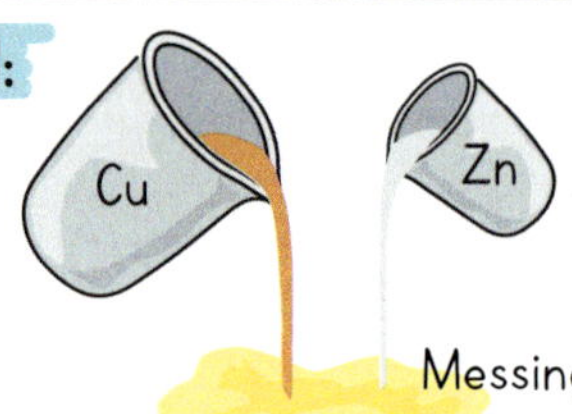

NICHTMETALLE:

sind Stoffe, die keine typischen Metalleigenschaften zeigen.

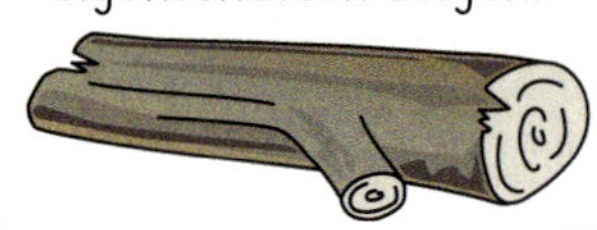

BINDUNGSBESTREBEN ZU SAUERSTOFF:

Unedle Metalle reagieren heftig mit Sauerstoff. Edle Metalle reagieren nur mäßig oder gar nicht mit Sauerstoff.

Magnesium	Aluminium	Zink	Eisen	Kupfer	Silber	Gold
Mg	Al	Zn	Fe	Cu	Ag	Au

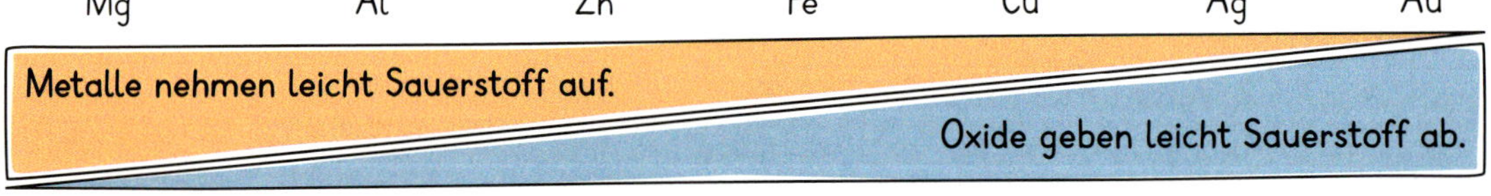

Magnesiumoxid	Aluminiumoxid	Zinkoxid	Eisenoxid	Kupferoxid	Silberoxid	Goldoxid
MgO	Al_2O_3	ZnO	Fe_2O_3	CuO	Ag_2O	Au_2O_3

METALLGEWINNUNG

MERKE!

METALLFUNDE

Manche Edelmetalle findet man in der Natur.

GEWINNUNG AUS ERZEN:

Die Erze werden chemisch in Oxide umgewandelt.

In **SAUERSTOFFÜBERTRAGUNGSREAKTIONEN** wird Sauerstoff aus dem Metalloxid auf den Kohlenstoff übertragen. Man erhält das Metall.

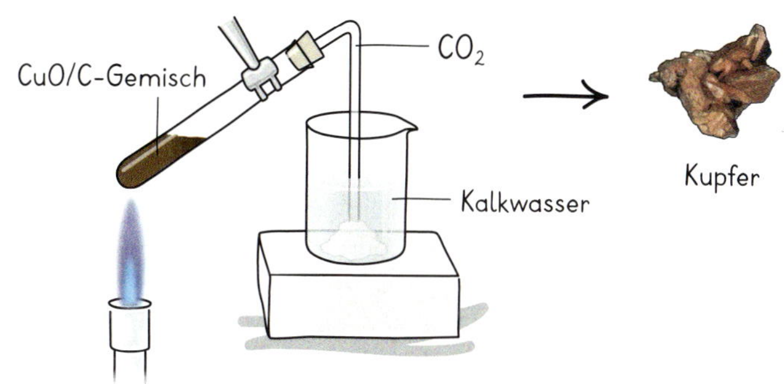

Abgabe von Sauerstoff

$$2\,CuO\,(s) + C\,(s) \longrightarrow 2\,Cu\,(s) + CO_2\,(g);\ \Delta H < 0$$

Kupferoxid, Kohlenstoff → Kupfer, Kohlenstoffdioxid; exotherm

Aufnahme von Sauerstoff

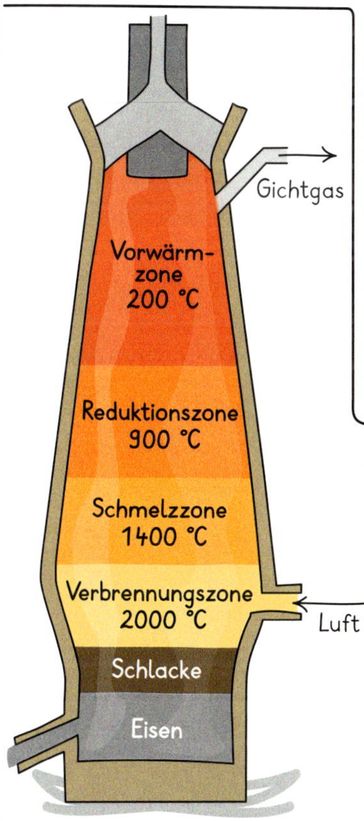

HERSTELLUNG VON EISEN UND STAHL:

Aus Koks und Eisenoxid wird Eisen gewonnen.

Reaktionen im Hochofen: $2\,C + O_2 \longrightarrow 2\,CO$

$3\,CO + Fe_2O_3 \longrightarrow 3\,CO_2 + 2\,Fe$

METALLRECYCLING

Gegenstände aus Aluminium oder Eisen können eingeschmolzen und zu neuen Gegenständen verarbeitet werden.

Teste dich

1 Nenne typische Eigenschaften, die Metalle besitzen. ●○○

2 Erkläre, was eine Legierung ist und nenne ein Beispiel. ●○○

3 Erläutere, wie sich edle und unedle Metalle unterscheiden. ●●○

4 Ordne die folgenden Metalle nach ihrem Bestreben, Sauerstoff aufzunehmen:
Magnesium, Silber, Kupfer, Eisen ●●○

5 Erläutere, warum das Recycling von Aluminiumabfällen besonders wichtig ist. ●●●

6 Begründe, ob beim Erhitzen der folgenden Gemische eine Reaktion ablaufen könnte. ●●○
a) Silberoxid + Kupferpulver
b) Kupferoxid + Silberpulver

7 Ein Würfel mit einer Kantenlänge von 2 cm aus dem Metall Nickel wiegt 71,2 g. Überprüfe, ob Nickel ein Schwermetall oder ein Leichtmetall ist. ●●○

8 Die Abbildung zeigt die Reaktion von Eisen mit Kupferoxid. Beschreibe die Reaktion und formuliere das Reaktionsschema. ●●○

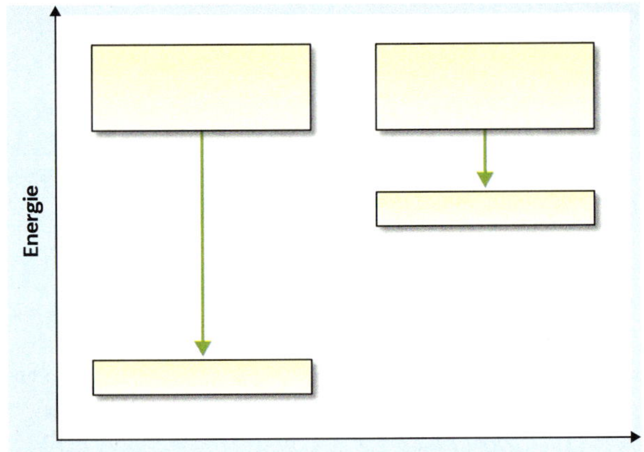

9 Übertrage das abgebildete Energieschema in dein Heft. Unten sind Begriffe angegeben. Trage diese Begriffe in die richtigen Felder ein und begründe deine Zuordnungen.
Begriffe: Aluminium + Sauerstoff, Kupferoxid, Kupfer + Sauerstoff, Aluminiumoxid. ●●○

10 Um Eisenbahnschienen zu verschweißen, wird das Thermitverfahren angewendet. Bei der Thermitreaktion reagieren Aluminium und Eisenoxid miteinander. Erkläre am Beispiel des Thermitverfahrens den Begriff der Sauerstoffübertragungsreaktion. ●●○

11 Löse das Rätsel, das sich hinter dem QR-Code verbirgt. ●●○

A Metalle in Flugzeugen

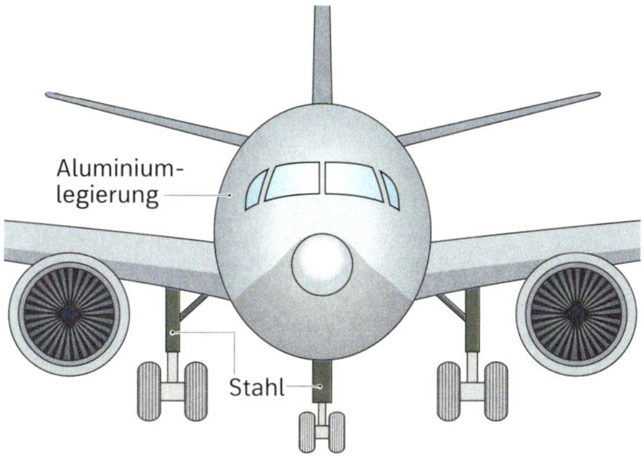

B Stoffeigenschaften

Stoff	Dichte in $\frac{g}{cm^3}$	Härte
Aluminium	2,7	weich
Eisen	7,9	hart
Duraluminium	2,8	hart
Chrom-Nickel-Stahl	7,9	sehr hart

Ein Passagierflugzeug ist zu 80 % aus einer Aluminiumlegierung gebaut. Das Flugzeug wiegt 35 400 Kilogramm. Es kann bis zu einem Gewicht von 61 000 Kilogramm sicher landen.

C Feuerraffination

Viele Gebrauchsgegenstände aus Kupfer enthalten kleinere Mengen anderer Metalle. Dazu können beispielsweise Blei, Eisen oder Zinn gehören. Nach dem Verschrotten sollen die Gebrauchsgegenstände recycelt werden. Um neue Gegenstände herzustellen, muss das Kupfer zunächst gereinigt werden. Beim Reinigungsprozess der Feuerraffination wird das Kupfer zuerst geschmolzen. In das flüssige Kupfer wird Sauerstoff eingeblasen. Nach dieser Reinigung erhält man Kupfer mit einem Reinheitsgrad von bis zu 99 % und eine Schlacke. Die abgetrennte Schlacke besteht aus den Oxiden der anderen Metalle.

AUFGABEN

Bearbeite die Aufgaben mit Material A und B.

1 Stelle eine Hypothese auf, weshalb im Flugzeugbau Duraluminium verwendet wird. ●○○

2 Begründe die Verwendung der verschiedenen Materialien für Rumpf und Fahrwerk. ●●○

3 Schätze oder berechne die Masse des Flugzeuges, wenn statt der Aluminiumlegierung Chrom-Nickel-Stahl verwendet würde. Setze gleiches Materialvolumen voraus. Erkläre, ob das Flugzeug aus Stahl noch sicher landen könnte. ●●○

Bearbeite die Aufgaben mit Material C.

1 Erkläre, weshalb in der Schlacke Oxide von Blei, Eisen und Zinn enthalten sind. ●●○

2 In geringen Mengen reagiert auch Kupfer mit Sauerstoff. Erkläre, dass kein Kupferoxid in der Schlacke nachweisbar ist, solange noch Eisen, Blei oder Zinn in der Schmelze enthalten sind. ●●●

3 Stelle eine Hypothese auf, ob Verunreinigungen aus reinem Silber im Kupfer verbleiben oder in der Schlacke. ●●●

Gefahrenhinweise und Sicherheitshinweise (H- und P-Sätze)

Physikalische Gefahren

H 200	Instabil, explosiv
H 201	Explosiv, Gefahr der Massenexplosion.
H 202	Explosiv; große Gefahr durch Splitter, Spreng- und Wurfstücke.
H 203	Explosiv; Gefahr durch Feuer, Luftdruck oder Splitter, Spreng- und Wurfstücke.
H 204	Gefahr durch Feuer oder Splitter, Spreng- und Wurfstücke.
H 205	Gefahr der Massenexplosion bei Feuer.
H 220	Extrem entzündbares Gas.
H 221	Entzündbares Gas.
H 222	Extrem entzündbares Aerosol.
H 223	Entzündbares Aerosol.
H 224	Flüssigkeit und Dampf extrem entzündbar.
H 225	Flüssigkeit und Dampf leicht entzündbar.
H 226	Flüssigkeit und Dampf entzündbar.
H 228	Entzündbarer Feststoff.
H 240	Erwärmung kann Explosion verursachen.
H 241	Erwärmung kann Brand oder Explosion verursachen.
H 242	Erwärmung kann Brand verursachen.
H 250	Entzündet sich in Berührung mit Luft von selbst.
H 251	Selbsterhitzungsfähig; kann in Brand geraten.
H 252	In großen Mengen selbsterhitzungsfähig; kann in Brand geraten.
H 260	In Berührung mit Wasser entstehen entzündbare Gase, die sich spontan entzünden können.
H 261	In Berührung mit Wasser entstehen entzündbare Gase.
H 270	Kann Brand verursachen oder verstärken; Oxidationsmittel.
H 271	Kann Brand oder Explosion verursachen; starkes Oxidationsmittel.
H 272	Kann Brand verstärken; Oxidationsmittel.
H 280	Enthält Gas unter Druck; kann bei Erwärmung explodieren.
H 281	Enthält tiefgekühltes Gas; kann Kälteverbrennungen oder -verletzungen verursachen.
H 290	Kann gegenüber Metallen korrosiv sein.

Gesundheitsgefahren

H 300	Lebensgefahr bei Verschlucken.
H 301	Giftig bei Verschlucken.
H 302	Gesundheitsschädlich bei Verschlucken.
H 304	Kann bei Verschlucken und Eindringen in die Atemwege tödlich sein.
H 310	Lebensgefahr bei Hautkontakt.
H 311	Giftig bei Hautkontakt.
H 312	Gesundheitsschädlich bei Hautkontakt.
H 314	Verursacht schwere Verätzungen der Haut und schwere Augenschäden.
H 315	Verursacht Hautreizungen.
H 317	Kann allergische Hautreaktionen verursachen.
H 318	Verursacht schwere Augenschäden.
H 319	Verursacht schwere Augenreizung.
H 330	Lebensgefahr bei Einatmen.
H 331	Giftig bei Einatmen.
H 332	Gesundheitsschädlich bei Einatmen.
H 334	Kann bei Einatmen Allergie, asthmaartige Symptome oder Atembeschwerden verursachen.
H 335	Kann die Atemwege reizen.
H 336	Kann Schläfrigkeit und Benommenheit verursachen.
H 340	Kann genetische Defekte verursachen.
H 341	Kann vermutlich genetische Defekte verursachen.
H 350	Kann Krebs erzeugen.
H 351	Kann vermutlich Krebs erzeugen.
H 360	Kann die Fruchtbarkeit beeinträchtigen oder das Kind im Mutterleib schädigen.
H 360 F	Kann die Fruchtbarkeit beeinträchtigen.
H 360 D	Kann das Kind im Mutterleib schädigen.
H 360 FD	Kann die Fruchtbarkeit beeinträchtigen. Kann das Kind im Mutterleib schädigen.
H 360 Fd	Kann die Fruchtbarkeit beeinträchtigen. Kann vermutlich das Kind im Mutterleib schädigen.
H 360 Df	Kann das Kind im Mutterleib schädigen. Kann vermutlich die Fruchtbarkeit beeinträchtigen.
H 361	Kann vermutlich die Fruchtbarkeit beeinträchtigen oder das Kind im Mutterleib schädigen.
H 361 f	Kann vermutlich die Fruchtbarkeit beeinträchtigen.
H 361 d	Kann vermutlich das Kind im Mutterleib schädigen.

H 361fd	Kann vermutlich die Fruchtbarkeit beeinträchtigen. Kann vermutlich das Kind im Mutterleib schädigen.
H 362	Kann Säuglinge über die Muttermilch schädigen.
H 370	Schädigt die Organe.
H 371	Kann die Organe schädigen.
H 372	Schädigt die Organe bei längerer oder wiederholter Exposition.
H 373	Kann die Organe schädigen bei längerer oder wiederholter Exposition.

Umweltgefahren

H 400	Sehr giftig für Wasserorganismen.
H 410	Sehr giftig für Wasserorganismen mit langfristiger Wirkung.
H 411	Giftig für Wasserorganismen, mit langfristiger Wirkung.
H 412	Schädlich für Wasserorganismen, mit langfristiger Wirkung.
H 413	Kann für Wasserorganismen schädlich sein, mit langfristiger Wirkung.
H 420	Schädigt die öffentliche Gesundheit und die Umwelt durch Ozonabbau in der äußeren Atmosphäre.

EUH-Sätze

EUH 001	In trockenem Zustand explosiv.
EUH 006	Mit und ohne Luft explosionsfähig.
EUH 014	Reagiert heftig mit Wasser.
EUH 018	Kann bei Verwendung explosionsfähige / entzündbare Dampf-Luft-Gemische bilden.
EUH 019	Kann explosionsfähige Peroxide bilden.
EUH 044	Explosionsgefahr bei Erhitzen unter Einschluss.
EUH 029	Entwickelt bei Berührung mit Wasser giftige Gase.
EUH 031	Entwickelt bei Berührung mit Säure giftige Gase.
EUH 032	Entwickelt bei Berührung mit Säure sehr giftige Gase.
EUH 066	Wiederholter Kontakt kann zu spröder oder rissiger Haut führen.
EUH 070	Giftig bei Berührung mit den Augen.
EUH 071	Wirkt ätzend auf die Atemwege.
EUH 201	Enthält Blei. Nicht für den Anstrich von Gegenständen verwenden, die von Kindern gekaut oder gelutscht werden könnten.
EUH 201 A	Achtung! Enthält Blei.
EUH 202	Cyanacrylat. Gefahr. Klebt innerhalb von Sekunden Haut und Augenlider zusammen. Darf nicht in die Hände von Kindern gelangen.
EUH 203	Enthält Chrom(VI). Kann allergische Reaktionen hervorrufen.
EUH 204	Enthält Isocyanate. Kann allergische Reaktionen hervorrufen.
EUH 205	Enthält epoxidhaltige Verbindungen. Kann allergische Reaktionen hervorrufen.
EUH 206	Achtung! Nicht zusammen mit anderen Produkten verwenden, da gefährliche Gase (Chlor) freigesetzt werden können.
EUH 207	Achtung! Enthält Cadmium. Bei der Verwendung entstehen gefährliche Dämpfe. Hinweise des Herstellers beachten. Sicherheitsanweisungen einhalten.
EUH 208	Enthält (Name des sensibilisierenden Stoffes). Kann allergische Reaktionen hervorrufen.
EUH 209	Kann bei Verwendung leicht entzündbar werden.
EUH 209 A	Kann bei Verwendung entzündbar werden.
EUH 210	Sicherheitsdatenblatt auf Anfrage erhältlich.
EUH 401	Zur Vermeidung von Risiken für Mensch und Umwelt die Gebrauchsanleitung einhalten.

Allgemeines

P 101	Ist ärztlicher Rat erforderlich, Verpackung oder Kennzeichnungsetikett bereithalten.
P 102	Darf nicht in die Hände von Kindern gelangen.
P 103	Vor Gebrauch Kennzeichnungsetikett lesen.

Prävention

P 201	Vor Gebrauch besondere Anweisungen einholen.
P 202	Vor Gebrauch alle Sicherheitshinweise lesen und verstehen.
P 210	Von Hitze / Funken / offener Flamme / heißen Oberflächen fernhalten. Nicht rauchen.
P 211	Nicht gegen offene Flamme oder andere Zündquelle sprühen.
P 220	Von Kleidung / ... / brennbaren Materialien fernhalten / entfernt aufbewahren.
P 221	Mischen mit brennbaren Stoffen / ... unbedingt verhindern.
P 222	Kontakt mit Luft nicht zulassen.
P 223	Kontakt mit Wasser wegen heftiger Reaktion und möglichem Aufflammen unbedingt verhindern.
P 230	Feucht halten mit ...
P 231	Unter inertem Gas handhaben.
P 232	Vor Feuchtigkeit schützen.
P 233	Behälter dicht verschlossen halten.
P 234	Nur im Originalbehälter aufbewahren.
P 235	Kühl halten.
P 240	Behälter und zu befüllende Anlage erden.
P 241	Explosionsgeschützte elektrische Betriebsmittel / Lüftungsanlagen / Beleuchtung / ... verwenden.
P 242	Nur funkenfreies Werkzeug verwenden.
P 243	Maßnahmen gegen elektrostatische Aufladungen treffen.
P 244	Druckminderer frei von Fett und Öl halten.
P 250	Nicht schleifen / stoßen / ... / reiben.
P 251	Behälter steht unter Druck: Nicht durchstechen oder verbrennen, auch nicht nach der Verwendung.
P 260	Staub / Rauch / Gas / Nebel / Dampf / Aerosol nicht einatmen.
P 261	Einatmen von Staub / Rauch / Gas / Nebel / Dampf / Aerosol vermeiden.
P 262	Nicht in die Augen, auf die Haut oder auf die Kleidung gelangen lassen.

P 263	Kontakt während der Schwangerschaft / und der Stillzeit vermeiden.
P 264	Nach Gebrauch ... gründlich waschen.
P 270	Bei Gebrauch nicht essen, trinken oder rauchen.
P 271	Nur im Freien oder in gut belüfteten Räumen verwenden.
P 272	Kontaminierte Arbeitskleidung nicht außerhalb des Arbeitsplatzes tragen.
P 273	Freisetzung in die Umwelt vermeiden.
P 280	Schutzhandschuhe / Schutzkleidung / Augenschutz / Gesichtsschutz tragen.
P 281	Vorgeschriebene persönliche Schutzausrüstung verwenden.
P 282	Schutzhandschuhe / Gesichtsschild / Augenschutz mit Kälteisolierung tragen.
P 283	Schwer entflammbare / flammhemmende Kleidung tragen.
P 284	Atemschutz tragen.
P 285	Bei unzureichender Belüftung Atemschutz tragen.
P 231	Unter inertem Gas handhaben.
+ P 232	Vor Feuchtigkeit schützen.
P 235	Kühl halten. Vor Sonnenbestrahlung schützen.
+ P 410	

Reaktion

P 301	Bei Verschlucken:
P 302	Bei Berührung mit der Haut:
P 303	Bei Berührung mit der Haut (oder dem Haar):
P 304	Bei Einatmen:
P 305	Bei Kontakt mit den Augen:
P 306	Bei kontaminierter Kleidung:
P 307	Bei Exposition:
P 308	Bei Exposition oder falls betroffen:
P 309	Bei Exposition oder Unwohlsein:
P 310	Sofort Giftinformationszentrum oder Arzt anrufen.
P 311	Giftinformationszentrum oder Arzt anrufen.
P 312	Bei Unwohlsein Giftinformationszentrum oder Arzt anrufen.
P 313	Ärztlichen Rat einholen / ärztliche Hilfe hinzuziehen.
P 314	Bei Unwohlsein ärztlichen Rat einholen / ärztliche Hilfe hinzuziehen.
P 315	Sofort ärztlichen Rat einholen / ärztliche Hilfe hinzuziehen.
P 320	Besondere Behandlung dringend erforderlich (siehe ... auf diesem Kennzeichnungsetikett).
P 321	Besondere Behandlung (siehe ... auf diesem Kennzeichnungsetikett).
P 322	Gezielte Maßnahmen (siehe ... auf diesem Kennzeichnungsetikett).
P 330	Mund ausspülen.
P 331	Kein Erbrechen herbeiführen.
P 332	Bei Hautreizung:
P 333	Bei Hautreizung oder -ausschlag:
P 334	In kaltes Wasser tauchen / nassen Verband anlegen.
P 335	Lose Partikel von der Haut abbürsten.
P 336	Vereiste Bereiche mit lauwarmem Wasser auftauen. Betroffenen Bereich nicht reiben.
P 337	Bei anhaltender Augenreizung:
P 338	Eventuell vorhandene Kontaktlinsen nach Möglichkeit entfernen. Weiter ausspülen.
P 340	Die betroffene Person an die frische Luft bringen und in einer Position ruhigstellen, die das Atmen erleichtert.
P 341	Bei Atembeschwerden an die frische Luft bringen und in einer Position ruhigstellen, die das Atmen erleichtert.
P 342	Bei Symptomen der Atemwege:
P 350	Behutsam mit viel Wasser und Seife waschen.
P 351	Einige Minuten lang behutsam mit Wasser ausspülen.
P 352	Mit viel Wasser und Seife waschen.
P 353	Haut mit Wasser abwaschen / duschen.
P 360	Kontaminierte Kleidung und Haut sofort mit viel Wasser abwaschen und danach Kleidung ausziehen.
P 361	Alle kontaminierten Kleidungsstücke sofort ausziehen.
P 362	Kontaminierte Kleidung ausziehen und vor erneutem Tragen waschen.
P 363	Kontaminierte Kleidung vor erneutem Tragen waschen.
P 370	Bei Brand:
P 371	Bei Großbrand und großen Mengen:
P 372	Explosionsgefahr bei Brand.
P 373	Keine Brandbekämpfung, wenn das Feuer explosive Stoffe / Gemische / Erzeugnisse erreicht.
P 374	Brandbekämpfung mit üblichen Vorsichtsmaßnahmen aus angemessener Entfernung.
P 375	Wegen Explosionsgefahr Brand aus der Entfernung bekämpfen.
P 376	Undichtigkeit beseitigen, wenn gefahrlos möglich.
P 377	Brand von ausströmendem Gas: Nicht löschen, bis Undichtigkeit gefahrlos beseitigt werden kann.
P 378	... zum Löschen verwenden.
P 380	Umgebung räumen.
P 381	Alle Zündquellen entfernen, wenn gefahrlos möglich.
P 390	Verschüttete Mengen aufnehmen, um Materialschäden zu vermeiden.
P 391	Verschüttete Mengen aufnehmen.
P 301	Bei Verschlucken: Sofort Giftinformationszentrum
+ P310	oder Arzt anrufen.
P 301	Bei Verschlucken: Bei Unwohlsein Giftinformationszentrum
+ P312	oder Arzt anrufen.
P 301	Bei Verschlucken: Mund ausspülen.
+ P 330	Kein Erbrechen herbeiführen.
+ P 331	
P 302	Bei Kontakt mit der Haut: In kaltes Wasser tauchen /
+ P 334	nassen Verband anlegen.
P 302	Bei Kontakt mit der Haut: Behutsam mit viel Wasser

+ P 350	und Seife waschen.
P 302	Bei Kontakt mit der Haut: Mit viel Wasser
+ P 352	und Seife waschen.
P 303	Bei Kontakt mit der Haut (oder dem Haar):
+ P 361	Alle beschmutzten, getränkten Kleidungsstücke
+ P 353	sofort ausziehen. Haut mit Wasser abwaschen / duschen.
P 304	Bei Einatmen: An die frische Luft bringen und
+ P 340	in einer Position ruhigstellen, die das Atmen erleichtert.
P 304	Bei Einatmen: Bei Atembeschwerden an die frische Luft
+ P 341	bringen und in einer Position ruhigstellen, die das Atmen erleichtert.
P 305	Bei Kontakt mit den Augen: Einige Minuten lang
+ P 351	behutsam mit Wasser spülen.
+ P 338	Vorhandene Kontaktlinsen nach Möglichkeit entfernen. Weiter spülen.
P 306	Bei Kontakt mit der Kleidung: Kontaminierte Kleidung
+ P 360	und Haut sofort mit viel Wasser abwaschen und danach Kleidung ausziehen.
P 307	Bei Exposition: Giftinformationszentrum oder Arzt
+ P 311	anrufen.
P 308	Bei Exposition oder falls betroffen:
+ P 313	Ärztlichen Rat Einholen / ärztliche Hilfe hinzuziehen.
P 309	Bei Exposition oder Unwohlsein:
+ P 311	Giftinformationszentrum oder Arzt anrufen.
P 332	Bei Hautreizung: Ärztlichen Rat einholen /
+ P 313	ärztliche Hilfe hinzuziehen.
P 333	Bei Hautreizung oder -ausschlag:
+ P 313	Ärztlichen Rat einholen / ärztliche Hilfe hinzuziehen.
P 335	Lose Partikel von der Haut abbürsten.
+ P 334	In kaltes Wasser tauchen / nassen Verband anlegen.
P 337	Bei anhaltender Augenreizung:
+ P 313	Ärztlichen Rat einholen / ärztliche Hilfe hinzuziehen.
P 342	Bei Symptomen der Atemwege:
+ P 311	Giftinformationszentrum oder Arzt anrufen.
P 370	Bei Brand: Undichtigkeit beseitigen,
+ P376	wenn gefahrlos möglich.
P 370	Bei Brand: ... zum Löschen verwenden.
+ P 378	
P 370	Bei Brand: Umgebung räumen.
+ P 380	
P 370	Bei Brand: Umgebung räumen.
+ P 380	Wegen Explosionsgefahr Brand aus der Entfernung
+ P 375	bekämpfen.
P 371	Bei Großbrand und großen Mengen: Umgebung räumen.
+ P 380	Wegen Explosionsgefahr Brand aus der Entfernung
+ P 375	bekämpfen.

Aufbewahrung

P401	... aufbewahren.
P402	An einem trockenen Ort aufbewahren.
P403	An einem gut belüfteten Ort aufbewahren.
P404	In einem geschlossenen Behälter aufbewahren.
P405	Unter Verschluss aufbewahren.
P406	In korrosionsbeständigem / ... Behälter mit korrosionsbeständiger Auskleidung aufbewahren.
P407	Luftspalt zwischen Stapeln / Paletten lassen.
P410	Vor Sonnenbestrahlung schützen.
P411	Bei Temperaturen von nicht mehr als ... °C / ... aufbewahren.
P412	Nicht Temperaturen von mehr als 50 °C aussetzen.
P413	Schüttgut in Mengen von mehr als ... kg bei Temperaturen von nicht mehr als ... °C aufbewahren
P420	Von anderen Materialien entfernt aufbewahren.
P422	Inhalt in / unter ... aufbewahren
P402	In einem geschlossenen Behälter an einem trockenen Ort
+ P404	aufbewahren.
P403	Behälter dicht verschlossen an einem gut belüfteten Ort
+ P233	aufbewahren.
P403	Kühl an einem gut belüfteten Ort aufbewahren.
+ P235	
P410	Vor Sonnenbestrahlung geschützt an einem
+ P403	gut belüfteten Ort aufbewahren.
P410	Vor Sonnenbestrahlung schützen und nicht Temperaturen
+ P412	von mehr als 50 °C aussetzen.
P411	Kühl und bei Temperaturen von nicht mehr als ... °C
+ P235	aufbewahren.

Entsorgung

P501	Inhalt / Behälter ... zuführen.

Stoffliste

Beim Umgang mit Chemikalien ist immer eine Schutzbrille  zu tragen.

Stoff	Zeichen	Signalwort, Gefahrenhinweise
Aluminium (Blech, Folie)		
Calciumchlorid, wasserfrei		Achtung, H 319
Cetylalkohol		
Diiodpentaoxid		Gefahr, H 272, H 314
Eisen (Blech, Späne)		
Eisen (Pulver, Hersteller-angaben beachten)		Achtung, H 228
Eisen(III)-oxid, rotes Eisenoxid		
Essig (Speiseessig)		
Harnstoff		
Holzkohlepulver		
Isopropanol (Propan-2-ol)		Gefahr, H 225, H 319, H 336
Kaliumchlorid		
Kaliumchloridlösung		
Kochsalz (Natriumchlorid)		
Kohlenstoffpulver (Hersteller-angaben beachten)		Achtung; H 252
Kupfer (Blech, Späne)		
Kupfer (Pulver)		Gefahr, H 228, H 410
Kupfer(II)-carbonat (basisch)		Achtung, H 302+332, H 319, H 410
Kupfer(II)-oxid, schwarzes Kupferoxid		Achtung, H 410

Stoff	Zeichen	Signalwort, Gefahrenhinweise
Magnesiumoxid		
Mangandioxid		Gefahr, H 302+332, H 373
Natriumcarbonat, wasserfrei (Soda)		Achtung, H 319
Natriumchlorid (Kochsalz)		
Natriumhydrogencarbonat (Natron)		
Platindraht	nach Verwendung Rückgabe an Lehrkraft	
Polyamid (Pulver)		
Rohrreiniger (Hersteller-angaben beachten)		Gefahr, H 290, H 314
Schwefel (Pulver)		Achtung, H 228, H 315
Silber (Blech)	nach Verwendung Rückgabe an Lehrkraft	
Waschpulver (Hersteller-angaben beachten)		Achtung, H 315, H 319
Wasserstoffperoxid 5 %		Achtung, H 319
Zink (Blech, Granalien)		
Zink (Pulver, stabilisiert)		Achtung, H 400, H 410
Zinkoxid		Achtung, H 400,H 410
Zucker (Haushaltszucker)		

Die Daten in der Stoffliste stammen von den gängigen Inverkehrbringern. Nichtkommerziell erhältliche Lösungen und Zubereitungen wurden von der GBK Gefahrgut Büro GmbH, Ingelheim auf Grundlage der verfügbaren Daten eingestuft. Alle Daten wurden von den Herausgebern geprüft und überarbeitet.
Die CLP-Verordnung erlaubt den Inverkehrbringern über die Mindesteinstufung (Anhang 6, Tabelle 3.1 der Verordnung (EU) Nr. 286/2011) hinaus abweichende Einstufungen aufgrund eigener Tests oder Klassifizierungen zu vergeben. Die Gebindekennzeichnungen verschiedener Inverkehrbringer können daher untereinander und von den hier vorliegenden Daten abweichen.
Haftungsausschluss: Trotz sorgfältiger Prüfung ist es möglich, dass bei der Zusammenstellung Fehler aufgetreten sind. Die gegebenen Daten sind daher von jeder Lehrkraft zu prüfen und mit den Hersteller-angaben abzugleichen.

Gefahrenpiktogramme

Beim Experimentieren arbeitet man auch mit Gefahrstoffen. Welche Gefahren von einem solchen Stoff ausgehen, wird unter anderem durch die Piktogramme angegeben.

Gefahrenpiktogramm	Bedeutung
 GHS01	**Explosive Stoffe:** explosive oder selbstzersetzliche Stoffe, sowie organische Peroxide.
 GHS02	**Entzündbare Stoffe:** Stoffe, die entzündbar sind oder bei Berührung mit Wasser entzündbare Gase bilden. Selbsterhitzungsfähige, selbstzersetzliche oder pyrophore Stoffe. Organische Peroxide.
 GHS03	**Oxidierende Stoffe:** Stoffe, die einen Brand anderer Materialien verursachen und unterstützen können.
 GHS04	**Gase unter Druck:** Gase, die unter erhöhtem Druck in entsprechenden Behältern aufbewahrt werden.
 GHS05	**Ätzende Stoffe:** Stoffe, die nach kurzer Einwirkung Haut oder Augen schädigen. Stoffe, die korrosiv gegenüber Metallen wirken.
 GHS06	**Giftige Stoffe:** Stoffe, die beim Verschlucken, bei Hautkontakt oder beim Einatmen akut giftig wirken oder zum Tode führen können.
 GHS07	**Gesundheitschädliche / reizende Stoffe:** Stoffe, die beim Verschlucken, bei Hautkontakt oder beim Einatmen gesundheitsschädlich sind, die Haut oder die Augen reizen oder auf die Haut allergen wirken. Stoffe, die die Atemwege reizen oder Schläfrigkeit und Benommenheit verursachen oder die Ozonschicht schädigen.
 GHS08	**Chronisch gefährliche Stoffe:** Stoffe, die das Erbgut verändern, Krebs erzeugen, die Fruchtbarkeit beeinträchtigen, das Kind im Mutterleib schädigen oder in bestimmten Organen toxisch wirken. Stoffe, die beim Verschlucken oder Eindringen in die Atemwege tödlich sein können (Aspirationsgefahr) oder beim Einatmen Allergien, asthmaartige Symptome oder Atembeschwerden verursachen.
 GHS09	**Umweltgefährdende Stoffe:** Stoffe, die für Wasserorganismen sehr giftig oder giftig sind.

Tabellen

Größen und ihre Einheiten

Größe		Einheit		
Name	**Symbol**	**Name**	**Symbol**	**Beziehungen**
Masse	m	Kilogramm	kg	1 kg = 1000 g 1 g = 1000 mg
Volumen	V	Kubikmeter	m^3	$1\,m^3 = 1000\,dm^3$ $1\,dm^3 = 1\,l = 1000\,ml$
		Liter	l	1 l = 1000 ml $1\,ml = 1\,cm^3$
Dichte	ϱ	$\frac{\text{Kilogramm}}{\text{Kubikmeter}}$	$\frac{kg}{m^3}$	$1\,\frac{g}{cm^3} = 1000\,\frac{kg}{m^3}$
		$\frac{\text{Gramm}}{\text{Liter}}$	$\frac{g}{l}$	$1\,\frac{g}{l} = 1000\,\frac{g}{m^3} = 1\,\frac{kg}{m^3}$
Anzahl	N			
Temperatur	ϑ	Grad Celsius	°C	
	T	Kelvin	K	0 °C = 273,15 K

Dezimale Teile / Vielfache

Potenz	Vorsilbe	Symbol	Potenz	Vorsilbe	Symbol
10^{-1}	Dezi	d	10	Deka	da
10^{-2}	Zenti	c	10^{2}	Hekto	h
10^{-3}	Milli	m	10^{3}	Kilo	k
10^{-6}	Mikro	µ	10^{6}	Mega	M
10^{-9}	Nano	n	10^{9}	Giga	G
10^{-12}	Piko	p	10^{12}	Tera	T
10^{-15}	Femto	f	10^{15}	Peta	P
10^{-18}	Atto	a			

Konstanten

Atomare Masseneinheit	u	$1{,}661 \cdot 10^{-27}\,kg$

Saure und alkalische Lösungen

Lösung		Salzsäure	Schwefelsäure	Salpetersäure	Phosphorsäure	Essigsäure	Natronlauge	Kalilauge	Kalkwasser	Barytwasser	Ammoniaklösung
gelöster Stoff		HCl (g)	H_2SO_4 (l)	HNO_3 (l)	H_3PO_4 (s)	CH_3COOH (l)	$NaOH$ (s)	KOH (s)	$Ca(OH)_2$ (s)	$Ba(OH)_2$ (s)	NH_3 (g)
Stoffmengenkonzentration in $\frac{mol}{l}$		2	1	2	1	2	2	2			2
verdünnt	**Massenanteil**	7 %	9 %	12 %	10 %	10 %	8 %	11 %	0,16 %	3,4 %	3 %
	Dichte bei 20 °C	1,033	1,059	1,066	1,05	1,015	1,087	1,100	1,001 *	1,04*	0,981
konzentriert	**Massenanteil**	36 %	98 %	68 %	85 %	99 %	30 %	27 %			25 %
	Dichte bei 20 °C	1,179	1,836	1,391	1,71	1,052	1,328	1,256			0,907

* Angaben für gesättigte Lösungen

Glossar

A

adsorbieren: Haften eines Stoffes an einer Oberfläche

Aggregatzustand: Erscheinungsform eines Stoffes als fest, flüssig oder gasförmig

alkalische Lösung: Lösung, die den Universalindikator blau färbt, beispielsweise Seifenlösung

Atom: Baustein, aus dem Stoffe aufgebaut sind; Moleküle und andere Teilchenverbände bestehen aus Atomen.

Atomsymbole: Abkürzungen für bestimmte Atome wie C für das Kohlenstoff-Atom oder S für das Schwefel-Atom

Atommasse: Massenangaben für die einzelnen Atomsorten in der Einheit u

C

chemische Energie: Energie, die in den Stoffen gespeichert ist

chemische Reaktion: Stoffumwandlung; Edukte werden in Produkte mit anderen Eigenschaften umgewandelt.

Chromatografie: Trennung eines gelösten Stoffgemisches beim Durchgang durch Papier oder Kreide

D

dekantieren: Abschütten der Flüssigkeit über einem Feststoff

Destillat: Stoff, der beim Destillieren in der Vorlage aufgefangen wird

destillieren: Trennung eines Gemisches über die unterschiedlichen Siedetemperaturen der einzelnen Stoffe

Dichte: Masse von einem Kubikzentimeter eines Stoffes; Einheit: $\frac{g}{cm^3}$

E

Edelmetall: Metalle, die wenig bis gar nicht mit Sauerstoff reagieren

Edukt: Ausgangsstoff in einer chemischen Reaktion

eindampfen: eine Flüssigkeit aus einem Gemisch verdampfen oder verdunsten lassen

elektrische Leitfähigkeit: Fähigkeit eines Stoffes, elektrischen Strom zu leiten

Element: Stoff, der sich chemisch nicht in andere Stoffe zerlegen lässt; Elemente bestehen nur aus einer Atomsorte.

Emulsion: heterogenes Gemisch zweier Flüssigkeiten

endotherme Reaktion: Reaktion, bei der Energie von den Stoffen aufgenommen wird

Energieform: Energie tritt in verschiedenen Formen auf, dazu gehören Lichtenergie, Wärmeenergie, Bewegungsenergie oder Lageenergie.

Energieentwertung: Umwandlung anderer Energieformen in Wärme. Wärme kann schlechter in andere Energieformen umgewandelt werden.

Enzym: Eiweiß-Molekül, das als Katalysator für eine bestimmte Reaktion in einem Organismus wirkt

erstarren: Übergang vom flüssigen in den festen Aggregatzustand

Erz: Metallverbindungen vermischt mit weiterem Gestein

exotherme Reaktion: Reaktion, bei der Energie aus den Stoffen abgegeben wird

extrahieren: Herauslösen eines Stoffes aus einem Gemisch mit einem Lösemittel

F

Filtrat: beim Filtrieren aufgefangene Flüssigkeit

filtrieren: eine Flüssigkeit durch einen Filter von einem Feststoff abtrennen

Flammpunkt: Temperatur, bei der sich eine Flüssigkeit durch einen Zündfunken entzünden lässt

G

Gasgemisch: homogenes Gemisch mehrerer Gase

Gefahrenpiktogramm: Sicherheitszeichen zur Kennzeichnung von Stoffen nach dem GHS-System

Gefahrstoff: Stoffe, von denen Gefahren ausgehen, dazu gehören Brennbarkeit, Explosionsgefahr, Ätzwirkung, Giftigkeit, Umweltgefährdung, ...

Gemenge: heterogenes Gemisch mehrerer Feststoffe

geschlossenes System: System, in dem kein Stoffaustausch mit der Umgebung möglich ist, beispielsweise ein verschlossener Erlenmeyerkolben

Gesetz der konstanten Massenverhältnisse: Edukte reagieren immer in ganz bestimmten Massenverhältnissen miteinander.

Gesetz der Erhaltung der Masse: Bei allen chemischen Reaktionen ist die Gesamtmasse der Edukte gleich der Gesamtmasse der Produkte.

GHS-System: weltweit einheitliches System zur Einstufung von Gefahrstoffen, engl. *globally harmonised system*

Glimmspanprobe: Test auf Sauerstoff; In Sauerstoff flammt ein glimmender Span hell auf.

Gusseisen: Eisen, dass etwa zwei bis vier Prozent Kohlenstoff enthält; Gusseisen lässt sich nicht schmieden, sondern nur durch Gießen verarbeiten.

H

heterogenes Gemisch: Bestandteile sind noch erkennbar; Teilchen liegen in Gruppen vor.

Hochofen: Schachtofen, in dem aus Eisenoxid und Koks Eisen gewonnen wird

H-Sätze: Geben Gefährdungen an, die von einem Stoff ausgehen, engl. *hazard:* Gefährdung

Hypothese: begründete Vermutung

I

Indikator: Stoff, der durch Farbveränderung anzeigt, ob eine Lösung sauer, alkalisch oder neutral ist, beispielsweise Rotkohlsaft oder Universalindikator

K

Kalkwasserprobe: Test auf Kohlenstoffdioxid; eine Lösung von Calciumhydroxid trübt sich, wenn Kohlenstoffdioxid eingeleitet wird.

Katalysator: Stoff, der eine chemische Reaktion über einen alternative Reaktionsweg mit niedrigerer Aktivierungsenergie ermöglicht

Knallgasreaktion: heftige Reaktion von Wasserstoff mit Sauerstoff nach dem Entzünden

kondensieren: Übergang vom gasförmigen in den flüssigen Aggregatzustand

L

Legierung: homogenes Gemisch mehrerer Metalle

Leichtmetall: Metall mit einer Dichte kleiner 5 $\frac{g}{cm^3}$

Lösemittel: Flüssigkeit, in der ein Stoff löslich ist, beispielsweise Wasser, Spiritus, Waschbenzin

Löslichkeit: Eigenschaft eines Stoffes, sich in einem Lösemittel zu lösen

Lösung: homogenes, flüssiges Gemisch

Luft: Gasgemisch aus 78 % Stickstoff, 21 % Sauerstoff und geringen Mengen anderer Gase

M

Magnetisierbarkeit: Eigenschaft eines Stoffes, von einem Magneten angezogen zu werden; magnetisierbar sind Eisen, Cobalt, Nickel und Neodym.

N

Nebel: heterogenes Gemisch einer Flüssigkeit mit einem Gas

O

offenes System: System, in dem ein Stoffaustausch mit der Umgebung möglich ist, beispielsweise ein offener Erlenmeyerkolben

P

Produkt: Endstoff in einer chemischen Reaktion

P-Sätze: Geben Hinweise zum sicheren Umgang mit Stoffen, engl. *precaution:* Schutzmaßnahme

R

Rauch: heterogenes Gemisch eines Feststoffes mit einem Gas

Reaktionsgleichung: Kurzbeschreibung einer chemischen Reaktion, in der die Edukte und Produkte nicht als Wörter, sondern als Formeln geschrieben werden.

Reaktionsschema: Kurzbeschreibung einer chemischen Reaktion, in der die Edukte und Produkte nicht als Formeln, sondern als Wörter geschrieben werden

Recycling: Wiederverwendung von Stoffen, zum Beispiel Papier, Kunststoff, Metall

Reinstoff: Stoffe, die nur aus einer Teilchensorte bestehen

resublimieren: Übergang vom gasförmigen in den festen Aggregatzustand

Rotschlamm: Abfallprodukt, das bei der Aluminiumherstellung entsteht

S

Sauerstoffübertragung: Reaktion, bei der Sauerstoff von einem Reaktionspartner auf einen anderen übertragen wird

saure Lösung: Lösung, die den Universalindikator rot färbt, beispielsweise Essig

schmelzen: Übergang vom festen in den flüssigen Aggregatzustand

Schmelztemperatur: Temperatur, bei der ein Stoff vom festen in den flüssigen Aggregatzustand wechselt

Schwermetall: Metall mit einer Dichte größer als $5 \frac{g}{cm^3}$.

sedimentieren: Absetzen eines Feststoffes in einer Flüssigkeit

Siedetemperatur: Temperatur, bei der ein Stoff vom flüssigen in den gasförmigen Aggregatzustand wechselt

Stahl: Eisen, dass weniger als zwei Prozent Kohlenstoff und weitere Legierungsbestandteile wie Wolfram, Chrom oder Vanadium enthält

Stoffebene: alle Beobachtungen bei einem Experiment, alle Eigenschaften von Stoffen wie Löslichkeit, elektrische Leitfähigkeit, Schmelztemperatur, Siedetemperatur...

Stoffumwandlung: chemische Reaktion; Edukte werden in Produkte mit anderen Eigenschaften umgewandelt.

sublimieren: Übergang vom festen in den gasförmigen Aggregatzustand

Superlupe: gedachte Lupe, in der Vorgänge auf der Teilchenebene dargestellt werden

Suspension: heterogenes Gemisch eines Feststoffes in einer Flüssigkeit

T

Teilchen: Bausteine, aus denen Stoffe aufgebaut sind

Teilchenebene: alle Darstellungen mit Teilchen, Atomen oder Molekülen, alle Erklärungen mit Teilchenvorstellungen

U

unedle Metalle: Metalle, die mit Sauerstoff heftig reagieren können

V

Verbindung: Stoff, der sich chemisch in andere Stoffe zerlegen lässt; Verbindungen bestehen aus mindestens zwei Atomsorten.

verdampfen: Übergang vom flüssigen in den gasförmigen Zustand oberhalb der Siedetemperatur

verdunsten: Übergang vom flüssigen in den gasförmigen Zustand unterhalb der Siedetemperatur

Verhältnisformel: chemische Formel eines Stoffes, in der an den Atomsymbolen als Indizes das Atomanzahlenverhältnis angegeben ist, zum Beispiel H_2O, O_2, CH_4

vollständige Reaktion: Reaktion, bei der alle Edukte zu Produkten reagiert haben und kein Edukt mehr übrig ist

Volumen: Raum, den eine Stoffportion einnimmt.

W

Wärmeleitfähigkeit: Fähigkeit eines Stoffes, Wärme zu leiten.

Z

Zündtemperatur: Temperatur, bei der sich ein Stoff von selbst entzündet

Stichwortverzeichnis

T

U

V

W

X

Z

Bildquellenverzeichnis

|Alamy Stock Photo, Abingdon/Oxfordshire: Lee, Martin 71.1; Martin 71.2; Pleska, Otto 71.3. |Alamy Stock Photo (RMB), Abingdon/Oxfordshire: Alpha Stock 127.2; Cofiant Images 122.1; Greatstock/MonkeyApple 123.3; imageBROKER/Graben, Matthias 88.1; moyano, juan 4.2, 75.1; Pictorial Press Ltd 66.5; Popov, Andriy 83.5; Prior, Sean 30.1; Science History Images/Photo Researchers 66.4; Stennikov, Aleksandr 52.1. |Atelier tigercolor Tom Menzel, Scharbeutz/Klingberg: 13.2, 13.3, 13.4, 13.6, 13.7, 15.3, 15.4, 15.5, 15.6, 15.7, 20.4, 20.5, 20.6, 20.9, 20.10, 20.11, 21.6, 21.7, 21.8, 21.9, 21.10, 21.11, 23.3, 23.4, 23.5, 23.6, 23.7, 27.2, 27.3, 28.2, 28.3, 28.4, 29.3, 29.4, 29.5, 29.6, 34.1, 34.2, 34.3, 34.4, 34.5, 34.6, 35.1, 35.2, 35.3, 35.4, 35.5, 43.6, 43.7, 44.1, 45.1, 45.2, 45.3, 45.4, 46.1, 51.2, 51.3, 55.3, 55.4, 55.5, 55.7, 55.8, 55.9, 57.3, 57.4, 58.2, 63.4, 83.1, 83.2, 83.3, 90.6, 90.7, 91.1, 91.2, 91.3, 106.1, 107.2, 107.3, 107.4, 109.9, 109.10, 110.4, 110.5, 110.6, 115.3, 115.4, 132.1, 132.2, 132.4, 132.5, 132.9, 132.11, 132.12, 132.13, 132.14, 132.15, 132.19, 132.20, 132.21, 132.23, 132.24, 132.27, 133.1, 133.6, 133.7, 133.8, 133.9, 133.16, 133.19, 133.21, 133.23, 133.24. |BeckerBredel Fotografen, Saarbrücken: 114.2. |Berghahn, Matthias, Bielefeld: 6.2, 7.2, 12.1, 12.2, 13.1, 38.3, 47.1, 47.2, 53.3, 60.3, 73.4, 78.3, 82.1, 86.3, 102.2, 108.1, 120.1, 126.3, 128.1, 137.1. |Biermann-Schickling, Birgitt, Hannover: 10.1, 11.1, 14.1, 15.1, 15.2, 24.1, 25.2, 30.2, 30.3, 30.5, 30.6, 30.8, 30.9, 30.11, 30.12, 31.2, 31.3, 31.5, 31.6, 31.8, 31.9, 31.11, 31.12, 36.1, 37.1, 39.1, 53.1, 53.2, 54.2, 58.1, 58.3, 59.1, 60.2, 65.1, 66.1, 66.2, 66.3, 67.1, 67.2, 67.3, 68.1, 68.6, 69.1, 69.2, 70.1, 70.2, 72.1, 73.1, 73.2, 73.3, 79.1, 79.2, 81.1, 81.2, 84.1, 85.1, 89.4, 89.5, 94.1, 96.1, 97.1, 99.1, 99.2, 100.1, 101.1, 102.1, 102.3, 102.4, 102.5, 102.6, 109.3, 109.4, 111.1, 117.1, 118.3, 119.1, 119.2, 121.1, 124.1, 125.1, 126.1, 126.4, 144.1. |iStockphoto.com, Calgary: TheCrimsonMonkey Titel. |Janssen Kahlert Design & Kommunikation GmbH, Hannover: Titel. |Karnath, Brigitte, Wiesbaden: 16.1, 17.1, 18.1, 18.2, 18.3, 18.4, 19.1, 19.2, 19.3, 19.4, 22.2, 23.1, 23.2, 24.2, 25.1, 27.4, 29.1, 32.1, 32.2, 33.1, 33.2, 33.3, 33.4, 35.6, 35.7, 38.1, 38.2, 49.3, 54.3, 68.2, 95.1, 97.2, 103.1. |Minkus Images Fotodesignagentur, Isernhagen: 21.1, 21.2, 21.3, 26.1, 29.2, 34.7, 34.8, 42.1, 43.1, 43.2, 43.3, 49.1, 49.2, 50.2, 50.3, 57.1, 57.2, 62.1, 62.2, 76.2, 86.1, 90.1, 90.2, 90.3, 94.2, 99.3, 107.1. |Mithoff, Stephanie, Egestorf: 50.1, 83.4, 91.5, 123.2. |PantherMedia GmbH (panthermedia.net), München: Hansen, Momme 87.2. |Ratermann, Martin, Vechta: 20.12, 60.1. |Schlierf, Birgit und Olaf, Lachendorf: 6.1, 6.3, 7.1, 7.3, 11.2, 11.3, 11.4, 11.5, 11.6, 11.7, 11.8, 11.9, 11.10, 13.5, 20.2, 20.3, 20.7, 20.8, 21.4, 21.5, 22.1, 26.2, 27.1, 39.2, 43.4, 43.5, 51.1, 51.7, 55.1, 55.2, 55.6, 61.3, 63.1, 63.2, 63.3, 63.5, 64.1, 69.3, 77.5, 86.2, 87.1, 90.4, 90.5, 92.2, 93.1, 93.2, 98.1, 98.2, 103.2, 109.7, 109.8, 110.1, 110.2, 110.3, 111.2, 113.1, 113.8, 114.1, 114.3, 114.4, 115.1, 115.2, 127.1, 132.3, 132.6, 132.7, 132.8, 132.10, 132.16, 132.17, 132.18, 132.22, 132.25, 132.26, 132.28, 132.29, 132.30, 132.31, 132.32, 133.2, 133.3, 133.4, 133.5, 133.10, 133.11, 133.12, 133.13, 133.14, 133.15, 133.17, 133.18, 133.20, 133.22, 134.1, 134.2, 134.3, 134.4, 134.5, 134.6, 134.7, 134.8, 134.9. |Science Photo Library, München: 5.1, 105.1; Turtle Rock Scientific 65.5. |Simper, Manfred, Wennigsen: 20.1. |stock.adobe.com, Dublin: alves, ricardo 80.1; angbor 113.7; auris 3.1, 9.1, 9.2; Buriy 113.5; Cobalt 76.1; Gojda, Lukas 31.7; Gresei 118.2; Hyrma 30.4; industrieblick 56.1, 118.1; Itsanan 30.7; leszekglasner 30.10; lightpoet 64.2; Mainka, Markus 116.1; marcel 65.4; mozZz 31.10; oioioio 113.6; pixelrobot 113.2; Rafael de Matos Carvalho 92.1; RHJ 65.2; s_kuzmin 113.3; salita2010 31.4; tong2530 123.1; Ugorenkov, Aleksandr 113.4; victoria p. 31.1; Volodymyr Horyn 48.1; Wylezich, Björn 65.3. |Tegen, Hans, Hambühren: 4.1, 28.1, 41.1, 45.5, 45.6, 45.7, 45.8, 45.9, 45.10, 45.11, 45.12, 50.4, 51.4, 51.5, 51.6, 54.1, 61.1, 61.2, 68.3, 68.4, 68.5, 77.1, 77.2, 77.3, 77.4, 78.1, 78.2, 89.1, 89.2, 89.3, 91.4, 109.1, 109.2, 109.5, 109.6, 112.1, 112.2, 112.3, 112.4, 115.5, 126.2, 126.5.

BASISKONZEPTE

Die vier Basiskonzepte stellen die vier Grundthemen der Chemie dar. Alle Betrachtungen in der Chemie lassen sich diesen vier Grundthemen zuordnen.

STOFF-TEILCHEN-KONZEPT

Alle Stoffe bestehen aus kleinen Teilchen.

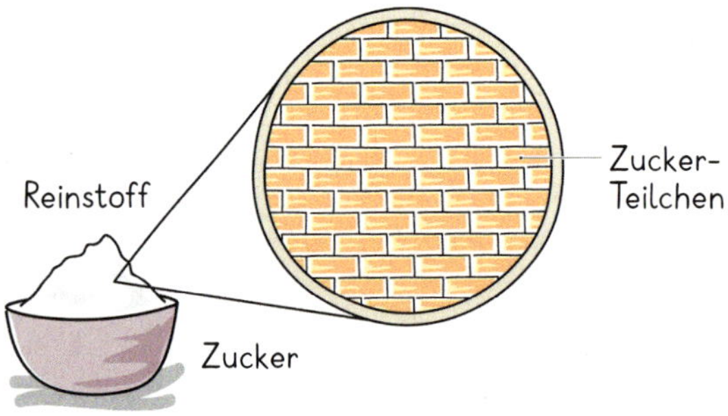

ENERGIE-KONZEPT

In allen Stoffen ist Energie gespeichert. Stoffe können Energie abgeben oder Energie aufnehmen.

STRUKTUR-EIGENSCHAFTS-KONZEPT

Die Anordnung der Teilchen bestimmt die Eigenschaften der Stoffe.

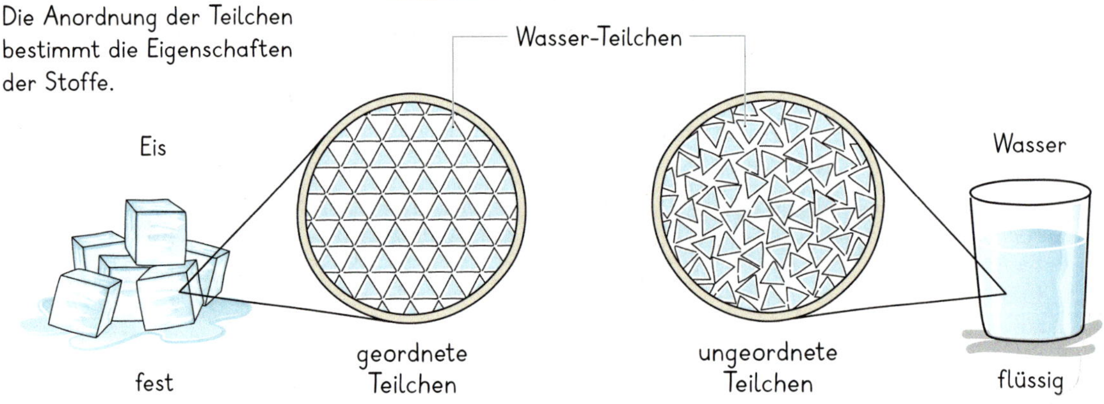

KONZEPT DER CHEMISCHEN REAKTION

Chemische Reaktionen sind Stoffumwandlungen. Aus den Ausgangsstoffen entstehen neue Stoffe.

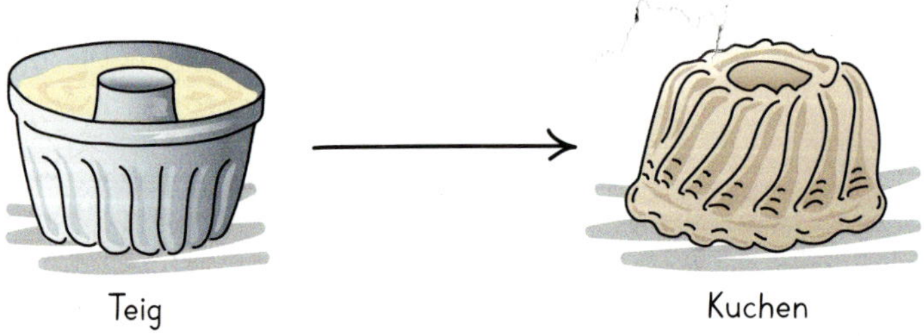

Periodensystem der Elemente

Legende (Beispiel: Schwefel):

Ordnungszahl (Protonenzahl)	16	32,07
Elementsymbol	S	
Elementname	Schwefel	
Schmelztemperatur in °C, s: Sublimationstemperatur (Schätzwerte in Klammern) / Dichte in g/cm³ bei 25 °C (bei Gasen in g/l)	113	2,07
Siedetemperatur in °C (Schätzwerte in Klammern) / Elektronegativität	445	2,6

Atommasse in u (Werte in Klammern geben die Masse eines wichtigen Isotops an)

schwarz = feste Elemente
blau = gasförmige Elemente
grün = flüssige Elemente
weiß = künstliche Elemente, fest
★ = radioaktive Elemente

Metalle
Halbmetalle
Nichtmetalle
Chemie noch unbekannt

Periode	Hauptgruppen I	Hauptgruppen II	Nebengruppen III	IV	V	VI	VII	VIII	VIII	VIII	I	II	Hauptgruppen III	IV	V	VI	VII	VIII
1	1 1,01 H Wasserstoff −259 0,08 −253 2,2																	2 4,00 He Helium −272 0,16 −269 –
2	3 6,94 Li Lithium 180 0,53 1342 1,0	4 9,01 Be Beryllium 1278 1,85 2471 1,6											5 10,81 B Bor (2300) 2,34 (3660) 2,0	6 12,01 C Kohlenstoff 3974 2,26 3930s 2,6	7 14,01 N Stickstoff −210 1,14 −196 3,0	8 16,00 O Sauerstoff −219 1,31 −183 3,4	9 19,00 F Fluor −220 1,55 −188 4,0	10 20,18 Ne Neon −249 0,82 −246 –
3	11 22,99 Na Natrium 98 0,97 883 0,9	12 24,31 Mg Magnesium 650 1,74 1110 1,3											13 26,98 Al Aluminium 660 2,70 2467 1,6	14 28,09 Si Silicium 1410 2,33 3267 1,9	15 30,97 P Phosphor 44 1,82 280 2,2	16 32,07 S Schwefel 113 2,07 445 2,6	17 35,45 Cl Chlor −101 2,89 −34 3,2	18 39,95 Ar Argon −189 1,63 −186 –
4	19 39,10 K Kalium 63 0,86 760 0,8	20 40,08 Ca Calcium 842 1,55 1484 1,0	21 44,96 Sc Scandium 1538 3,0 2730 1,4	22 47,87 Ti Titan 1660 4,50 3287 1,5	23 50,94 V Vanadium 1910 6,1 3407 1,6	24 52,00 Cr Chrom 1857 7,19 2672 1,7	25 54,94 Mn Mangan 1244 7,43 2095 1,6	26 55,85 Fe Eisen 1535 7,86 2750 1,8	27 58,93 Co Cobalt 1495 8,90 2870 1,9	28 58,69 Ni Nickel 1455 8,90 2730 1,9	29 63,55 Cu Kupfer 1085 8,96 2572 1,9	30 65,39 Zn Zink 420 7,14 907 1,7	31 69,72 Ga Gallium 30 5,91 2403 1,8	32 72,61 Ge Germanium 937 5,32 2830 2,0	33 74,92 As Arsen 817 5,72 613s 2,2	34 78,96 Se Selen 217 4,80 685 2,6	35 79,90 Br Brom −7 3,12 59 3,0	36 83,80 Kr Krypton −157 3,42 −152 2,9
5	37 85,47 Rb Rubidium 39 1,53 686 0,8	38 87,62 Sr Strontium 769 2,6 1384 1,0	39 88,91 Y Yttrium 1522 4,47 3338 1,2	40 91,22 Zr Zirconium 1852 6,49 4377 1,3	41 92,91 Nb Niob 2468 8,57 4758 1,6	42 95,94 Mo Molybdän 2610 10,2 5560 2,2	43 (98,91) Tc★ Technetium 2157 11,5 4880 1,9	44 101,1 Ru Ruthenium 2310 12,4 4150 2,2	45 102,9 Rh Rhodium 1964 12,4 3695 2,3	46 106,4 Pd Palladium 1554 12,0 2970 2,2	47 107,9 Ag Silber 962 10,5 2212 1,9	48 112,4 Cd Cadmium 321 8,65 767 1,7	49 114,8 In Indium 157 7,31 2080 1,8	50 118,7 Sn Zinn 232 7,30 2602 2,0	51 121,8 Sb Antimon 631 6,68 1635 2,1	52 127,6 Te Tellur 450 6,24 990 2,1	53 126,9 I Iod 114 4,94 184 2,7	54 131,3 Xe Xenon −112 5,36 −108 2,6
6	55 132,9 Cs Caesium 28 1,87 669 0,8	56 137,3 Ba Barium 725 3,50 1640 0,9	57–71 Lanthanoide	72 178,5 Hf Hafnium 2233 13,3 4450 1,3	73 180,9 Ta Tantal 3000 16,6 5534 1,5	74 183,8 W Wolfram 3410 19,3 5660 2,4	75 186,2 Re Rhenium 3180 21,0 5630 1,9	76 190,2 Os Osmium (3045) 22,6 (5000) 2,2	77 192,2 Ir Iridium 2450 22,5 4500 2,2	78 195,1 Pt Platin 1772 21,4 3825 2,3	79 197,0 Au Gold 1064 19,3 2808 2,5	80 200,6 Hg Quecksilber −39 13,53 357 2,0	81 204,4 Tl Thallium 303 11,85 1457 2,0	82 207,2 Pb Blei 327 11,3 1740 2,3	83 209,0 Bi Bismut 271 9,8 1560 2,0	84 (210) Po★ Polonium 254 9,4 962 2,0	85 (210) At★ Astat 302 – (335) 2,2	86 (222) Rn★ Radon −71 9,7 −62 –
7	87 (223) Fr★ Francium (27) – (680) 0,7	88 (226) Ra★ Radium 700 5 1737 0,9	89–103 Actinoide	104 (261) Rf★ Rutherfordium – – – –	105 (262) Db★ Dubnium – – – –	106 (263) Sg★ Seaborgium – – – –	107 (264) Bh★ Bohrium – – – –	108 (265) Hs★ Hassium – – – –	109 (268) Mt★ Meitnerium – – – –	110 (281) Ds★ Darmstadtium – – – –	111 (272) Rg★ Roentgenium – – – –	112 (277) Cn★ Copernicium – – – –	113 (284) Nh★ Nihonium – – – –	114 (289) Fl★ Flerovium – – – –	115 (288) Mc★ Moscovium – – – –	116 (292) Lv★ Livermorium – – – –	117 (293) Ts★ Tenness – – – –	118 (294) Og★ Oganesson – – – –

Lanthanoide	57 138,9 La Lanthan 920 6,17 3470 1,1	58 140,1 Ce Cer 795 6,78 3433 1,1	59 140,9 Pr Praseodym 935 6,77 3510 1,1	60 144,2 Nd Neodym 1024 7,00 3074 1,1	61 (147) Pm★ Promethium 1042 7,22 (2730) 1,2	62 150,4 Sm Samarium 1072 7,54 1791 1,2	63 152,0 Eu Europium 826 5,24 1596 1,2	64 157,3 Gd Gadolinium 1313 7,90 3273 1,2	65 158,9 Tb Terbium 1360 8,25 3230 1,2	66 162,5 Dy Dysprosium 1410 8,54 2567 1,2	67 164,9 Ho Holmium 1472 8,80 2694 1,2	68 167,3 Er Erbium 1529 9,05 2900 1,2	69 168,9 Tm Thulium 1545 9,32 1950 1,3	70 173,0 Yb Ytterbium 824 6,97 1194 1,1	71 175,0 Lu Lutetium 1663 9,84 3402 1,3
Actinoide	89 (227) Ac★ Actinium 1050 10,1 3200 1,1	90 232,0 Th★ Thorium 1750 11,7 4788 1,3	91 231,0 Pa★ Protactinium 1572 15,4 (4000) 1,5	92 238,0 U★ Uran 1135 19,1 3818 1,4	93 (237) Np★ Neptunium 637 20,4 (3900) 1,4	94 (239) Pu★ Plutonium 640 19,8 3230 1,3	95 (241) Am★ Americium 1176 11,7 (2067) 1,3	96 (244) Cm★ Curium 1340 13,5 3110 1,3	97 (249) Bk★ Berkelium 986 15 (2623) 1,3	98 (252) Cf★ Californium 900 – – 1,3	99 (252) Es★ Einsteinium (860) – – 1,3	100 (257) Fm★ Fermium – – – 1,3	101 (258) Md★ Mendelevium 827 – – 1,3	102 (259) No★ Nobelium – – – 1,3	103 (262) Lr★ Lawrencium – – – –